JN155408

健康寿命を延ばそう！

機能性脂肪酸入門

アルツハイマー症、がん、糖尿病、
記憶力回復への効果

彼谷邦光 著

裳華房

Functional Fatty Acids

by

Kunimitsu Kaya

SHOKABO

TOKYO

はじめに

私は医者ではありませんが、天然物有機化学や食品化学を学んできた者として、最近注目されている $\omega 3$ 脂肪酸の DHA や EPA のサプリメントの過剰広告と論理の飛躍が気になっていました。また、生理活性が報告されているのに関心の薄い奇数脂肪酸への関心を惹起したいこと、中鎖脂肪酸が主な出発物質であるケトン体の研究の進捗状況、プロスタグランジンを含むエイコサノイド科学の進歩、規制の機運が世界的に高まってきたトランス脂肪酸などの最近の状況を知らせたいとの思いで、学術的価値が公に認められている論文を中心に集めてきました。科学として、何が真実なのか、現在の知識でどこまで言えるのか、何が虚偽なのか等を明確にするために、それらの内容を噛み砕いて解説してみました。しかし、噛み砕くにも限度があり、難解な部分もでてきました。耳慣れない専門用語も多くなるので、できるだけ平易な用語解説を加えました。また、各項に簡単な要約を付け、結論だけを知りたい読者には要約だけを読んで先に進んでいただけるようにしました。

内容は脂肪酸の生成と代謝から始まり、機能性脂肪酸の各章とアルツハイマー症、糖尿病、がんなど成人病関連の症状改善に役立つ奇数脂肪酸と $\omega 3$ 系脂肪酸の DHA、アラキドン酸の代謝物の“なぜ効くのか、体で何が起きているのか”に力点を置き、「なるほど」と感じていただけるように記述したつもりです。読者の期待に添うことができれば幸甚です。

2017 年 1 月

つくば にて

著 者

目　次

第1章　脂肪酸の生成と代謝

第2章　奇数脂肪酸の生成と代謝

第３章　DHA の生成と代謝

第４章　中鎖脂肪酸

第５章　アラキドン酸

第6章 ヒドロキシモノエン酸およびモノエポキシポリエン酸

第7章 トランス脂肪酸

第８章　脂肪酸が関与する疾病の軽減・予防のメカニズム

第９章 機能性脂肪酸を生産する生物資源

第1章　脂肪酸の生成と代謝

1-1　脂肪酸の種類

SUMMARY

脂肪酸とは、直鎖の炭化水素基の端に1個のカルボキシ基を持つ酸性の物質群を指す。一般的には、単結合からなる飽和脂肪酸と、分子内に二重結合のある不飽和脂肪酸に分類される。

特殊な脂肪酸としては、メチル基側鎖のある脂肪酸や、ヒドロキシ基のある脂肪酸などが挙げられる。

脂肪酸には、それ自身が生理活性を持つものも存在する。その中には下剤として利用されているリシノール酸、細胞の増殖を抑えるテトラサーム酸、炎症を引き起こすロイコトキシンなどがある。

1-1-1　一般的な脂肪酸

脂肪酸とは、直鎖の炭化水素基の端に1個のカルボキシ基を持つ酸性の物質群を指す。生体ではグリセリンや高級アルコールとのエステル、またはアミノ酸やペプチドのアミノ基とアミドを形成し、脂質の成分として存在している。例えば、脂肪酸のカルボキシ基とタウリンのアミノ基がアミド結合したタウロリピドなどのアミノ酸含有リピドがある。

動植物のつくる脂肪酸のほとんどは偶数の炭素数を持つ。偶数である理由は、生合成の過程で、アセチル（炭素2個）を単位としているからである。脂肪酸の炭素鎖の長さは、16, 18を主要成分としている場合が大半である。脂肪酸には飽和脂肪酸（**表 1-1**）と不飽和脂肪酸があり、動植物に普遍的に存在している。常温で飽和脂肪酸は固体、シス型不飽和脂肪酸は液体である。飽和

表 1-1　飽和脂肪酸の種類と名前

名前	炭素の数	融点（℃）	存在量の多い油脂
酪酸	C4	−8	バター
カプロン酸	C6	−1.5	バター，ヤシ油
カプリル酸	C8	16	バター，ヤシ油
カプリン酸	C10	31	バター，ヤシ油
ラウリン酸	C12	43	バター，ヤシ油
ミリスチン酸	C14	54	バター，ヤシ油
パルミチン酸	C16	63	動植物油脂一般
ステアリン酸	C18	70	動植物油脂一般
アラキジン酸	C20	75	ピーナッツ油，ナタネ油
ベヘン酸	C22	80	ピーナッツ油，ナタネ油
リグロセリン酸	C24	84	ピーナッツ油
セロチン酸	C26	88	蜜ロウ
モンタン酸	C28	91	モンタンロウ（褐炭から得られるロウ）
メリシン酸	C30	94	蜜ロウ

脂肪酸とシス型不飽和脂肪酸の混合比率を変えることによって、カリッと仕上がるてんぷら油や口の中で溶けるマーガリンのように、嗜好に合わせた融点を持つ商品が開発されている。もちろん、飽和脂肪酸の溶ける温度（融点）は炭素鎖の長さに比例している。

1-1-2　不飽和脂肪酸の命名法

不飽和脂肪酸の名前の付け方を**図 1-1** に示す。不飽和脂肪酸には幾何異性体があり、シス（*cis*）型配置とトランス（*trans*）型配置がある。有機化合物の名前の付け方はかつてはジュネーブ命名法と呼ばれていたが、国際純正・応用化学連合（IUPAC）が結成されて以後、IUPAC がジュネーブ命名法を引継ぎ、現在は IUPAC 命名法と呼ばれている。

IUPAC 命名法では、カルボキシ基の炭素から順に番号をつける。また、*cis, trans* を使用するのは通常二重結合が 2 つまでで、それ以上に二重結合が多くなるとイタリック体の“*Z*”や“*E*”を使用する。*Z, E* はドイツ語の Zusammen（いっしょに）と Entgegen（逆に）が由来である。*Z* はシス（*cis*）、*E* はトランス（*trans*）と同じ意味で使用されている。

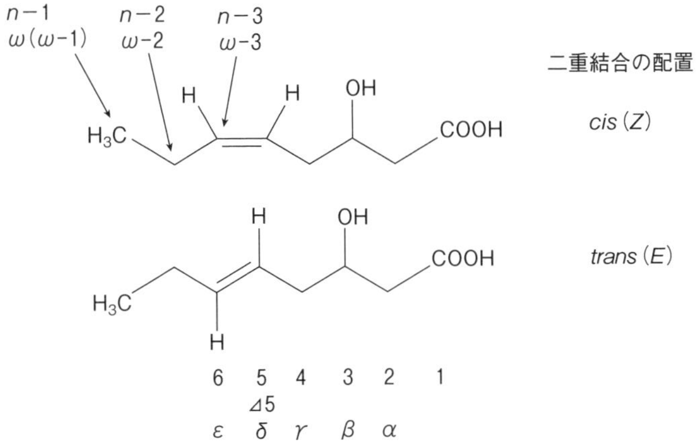

図 1-1　二重結合のシス（上段の構造式）とトランス（下段の構造式）の配置と脂肪酸の炭素位置の表し方

二重結合の位置の表し方はいくつかある。図 1-1 の脂肪酸は 3-hydroxy-*cis*(*trans*)-5-octenoic acid、または 3-hydroxy-5*Z*(*E*)-octenoic acid となり、カルボン酸の炭素から数えて二重結合は 5 番目であることを示している。その一方で、反対に炭素鎖の末端から“ω”や“n”を用いて数える方法もある。ω や n は“末端”という意味で使われている。その他、ギリシャ文字を用いて官能基（この場合はカルボキシ基）の隣の炭素から、α, β と名付ける方法などが使用されている。また、二重結合の位置をデルタ（ギリシャ文字のイタリック体大文字の Δ；desaturation ＝「不飽和の意」のギリシャ文字）で表す場合もある。図中の 3-hydroxy-*cis*(*trans*)-5-octenoic acid を別の言い方をすると、β-hydroxy-5*Z*(*E*)-octenoic acid となる。

図 1-1 のシス型脂肪酸の場合、β-hydroxy-C8:1 *cis*5 のように左から、（炭素骨格）:（二重結合の数）（*cis* 型、二重結合の位置）の順に簡略化して書くこともできる。ほかにも、3-hydroxy-C8:1 Δ*cis*5, β-hydroxy-C8:1 ω-*cis*3, あるいは β-hydroxy-C8:1 *n*-*cis*3, 3-hydroxy-C8:1 Δ5*Z* などと表記される。二重結合がトランス配置の場合、β-hydroxy-C8:1 Δ*trans*5 と記す。その他、シス

をイタリック体の *c*, トランスを同様に *t* と省略し、C8:1 ω-*c*3, C8:1 Δ*t*5, *c*5C8:1 や *t*5C8:1 と表すこともある。

本書の脂肪酸表記の基本は従来の脂肪酸表記の慣例に従い、略記を用いた。また、二重結合のシス・トランスの表記は、内閣府の食品安全委員会で使用されているのと同様に省略形 *c*, *t* を用いた。実際の表記は**図 1-2** に示したように C8:1Δ*c*5 または C8:1ω-*t*3 とした。

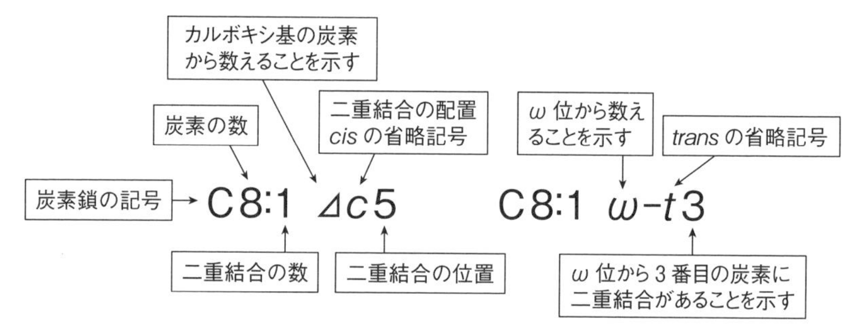

図 1-2 本書で用いる不飽和脂肪酸の表記の例
(5-octenoic acid を例とした)

1-1-3 モノエン酸（不飽和脂肪酸の種類 ①）

脂肪酸分子に二重結合が一つある脂肪酸をモノエン酸と呼ぶ。それらの種類と名前、二重結合の様式を表に示した（**表 1-2**）。モノエン酸にはオレイン酸に代表されるように、9 位に二重結合（Δ9）があるものが圧倒的に多くある。これは 9 位を不飽和化する酵素（Δ9-desaturase）が動植物に普遍的に存在するからである。動植物の作る二重結合はほとんどがシス（*cis*）型配置である。詳細はトランス脂肪酸の章（第 7 章 7-1 節）を参照していただきたい。ここでは、シス型とトランス型の融点の違いを見てみる。オレイン酸（C18:1Δ*c*9）の融点は 14 ℃、エライジン酸（C18:1Δ*t*9）の融点は 44 ℃である。つまり、シス型より、トランス型の方が分子として安定なことを示している。また、バクセン酸（C18:1Δ*t*11）とエライジン酸とは、ほとんど融点に変化がない。これは二重結合の位置が融点にあまり影響がないことを示している例である。

表 1-2　分子内に二重結合一つの脂肪酸（モノエン酸）の種類と名前

名前	炭素数：二重結合	二重結合の位置	二重結合の配置	融点（℃）	主に存在する油脂
ミリストレイン酸	C14:1	⊿9	*cis*		動植物油脂
パルミトレイン酸	C16:1	⊿9	*cis*		動植物油脂，魚油
オレイン酸	C18:1	⊿9	*cis*	14	動植物油脂
エライジン酸	C18:1	⊿9	*trans*	44	加熱油
バクセン酸	C18:1	⊿11	*trans*	43	牛乳脂肪
シスバクセン酸	C18:1	⊿11	*cis*		細菌類
ペトロセリン酸	C18:1	⊿6	*cis*		セリ，ウコギの種子
ガドレイン酸	C20:1	⊿9	*cis*		海産魚油
エルカ酸	C22:1	⊿13	*cis*		旧品種ナタネ油
ネルボン酸	C24:1	⊿15	*cis*		動物神経組織
キシメン酸	C26:1	⊿17	*cis*		細菌類
ラメクエン酸	C28:1	⊿19	*cis*		細菌類

1-1-4　ω3 系列、ω6 系列（不飽和脂肪酸の種類 ②）

不飽和脂肪酸には、二重結合の位置によって ω3 脂肪酸と ω6 脂肪酸と呼ばれるものが存在する。それぞれ**表 1-3** と**表 1-4** に示した。ωは二重結合の位置を示しており（図 1-1 参照）、ω 位から何番目の炭素が二重結合になっているかが重要な場合に用いる。通常は ω3 系列と ω6 系列の脂肪酸を区別する場合に用いている。

表 1-3, 1-4 でとりあげた不飽和脂肪酸は、分子内に二重結合が複数個入っており、全てシス型である。このような場合、脂肪酸の表記では二重結合の位置を示す記号 *c*, *t* を省略することがある。例えば、ω3 系列のドコサヘキサエン酸（docosahexaenoic acid、DHA、docosa = 22、hexa = 6、enoic = 二重結合、acid = 酸）は慣用的に C22:6 ω-3 のように表記する場合もある。

ヒトの必須脂肪酸であるリノール酸（ω6）は、不飽和化されてリノレン酸になる。リノレン酸には α と γ の 2 種類の異性体がある。α-リノレン酸は ω3 脂肪酸に属し、同じ ω3 であるドコサヘキサエン酸（DHA）の原料になっている。一方、ω6 脂肪酸に属する γ-リノレン酸は、ω6 のアラキドン酸に変換される。

表 1-3　ω3 系列の不飽和脂肪酸

脂肪酸名（炭素数：二重結合数）	二重結合の位置	構造式
α-リノレン酸（C18：3）	ω-3,6,9 Δ9,12,15	COOH
ステアリドン酸（C18：4）	ω-3,6,9,12 Δ6,9,12,15	COOH
エイコサテトラエン酸（C20：4）	ω-3,6,9,12 Δ8,11,14,17	COOH
エイコサペンタエン酸（EPA）（C20：5）	ω-3,6,9,12,15 Δ5,8,11,14,17	COOH
ドコサペンタエン酸（C22：5）	ω-3,6,9,12,15 Δ7,10,13,16,19	COOH
ドコサヘキサエン酸（DHA）（C22：6）	ω-3,6,9,12,15,18 Δ4,7,10,13,16,19	COOH

表 1-4　ω6 系列の不飽和脂肪酸

脂肪酸名（炭素数：二重結合数）	二重結合の位置	構造式
リノール酸（C18：2）	ω-6,9 Δ9,12	COOH
γ-リノレン酸（C18：3）	ω-6,9,12 Δ6,9,12	COOH
ビスホモ-γ-リノレン酸（C20：3）	ω-6,9,12 Δ8,11,14	COOH
アラキドン酸（C20：4）	ω-6,9,12,15 Δ5,8,11,14	COOH

ω3, ω6 脂肪酸はそれぞれ重要な働きをしており、詳しくは第3章と第5章で述べる。

1-1-5　特殊な脂肪酸

脂肪酸の中には側鎖のあるものやヒドロキシ基（OH 基）の付いたものなどが知られている。メチル基側鎖のある脂肪酸はグリセリドを構成する微量脂肪酸として検出されている。また、皮脂の成分として存在している。ヒドロキシ脂肪酸は代謝中間体や、脳・神経組織の脂質成分として存在している。

(1) 分枝脂肪酸 (branched fatty acid)

炭素鎖の途中にメチル基 (CH_3-) が付いた脂肪酸で、アミノ酸のバリン、イソロイシン、ロイシンなどから作られている。

(2) イソ脂肪酸 (iso fatty acid)

ω-2 ($n-2$) にメチル基が付いた脂肪酸で、ヒトの皮脂や細菌に見られる。炭素数は10から23のものが知られている。

(3) アンチイソ脂肪酸 (anti-iso fatty acid)

ω-3 ($n-3$) にメチル基が付いた脂肪酸で、ヒトの皮脂やヒツジ脂に多く含まれている。

(4) モノヒドロキシ脂肪酸 (monohydroxy fatty acid)

炭素鎖にOH基が1個付いた脂肪酸。2位または3位にOH基が付いたものは、それぞれα-ヒドロキシ脂肪酸、β-ヒドロキシ脂肪酸と呼ばれる。

(5) ポリヒドロキシ脂肪酸 (polyhydroxy fatty acid)

複数個のOH基が付いた脂肪酸。ビール酵母から見出されたエリスロ-8, 9, 13-トリヒドロキシドコサン酸が有名である。原生動物テトラヒメナ[†]の細胞内器官に局在するタウロリピド (taurolipid) (強力な界面活性作用を持つタウリン含有脂質) の構成脂肪酸として、3, 7, 13-トリヒドロキシステアリン酸、2, 3, 7, 13-テトラヒドロキシステアリン酸、および2, 3, 7, 13, 14-ペンタヒドロキ

---

†　テトラヒメナ：原生動物の一種で繊毛虫に属する。実験用の単細胞真核生物として用いられている。

テトラヒメナのタウロリピド：テトラヒメナの細胞内消化器官（リソソーム）に局在する界面活性作用の強い脂質（バイオサーファクタント）。タウリンのアミノ基とヒドロキシ脂肪酸のカルボキシ基がアミド結合した分子。胆汁酸のように機能していると考えられている。

システアリン酸[1]が知られている。

(6) ミコール酸（mycolic acid）

主鎖の2位の炭素に長いアルキル側鎖が付き、主鎖の3位にOH基が付いたヒドロキシ脂肪酸の総称。結核菌が属するミコバクテリウム属とその類縁菌に見られる脂肪酸で、炭素数30～90のものが知られている。

1-1-6　生理活性を持つ不飽和脂肪酸

不飽和脂肪酸のなかには、遊離の状態で生理活性を示すものが多くある。ここでは生理活性を持つ不飽和脂肪酸のうち、代表的なものを取り上げた（**図1-3**）。

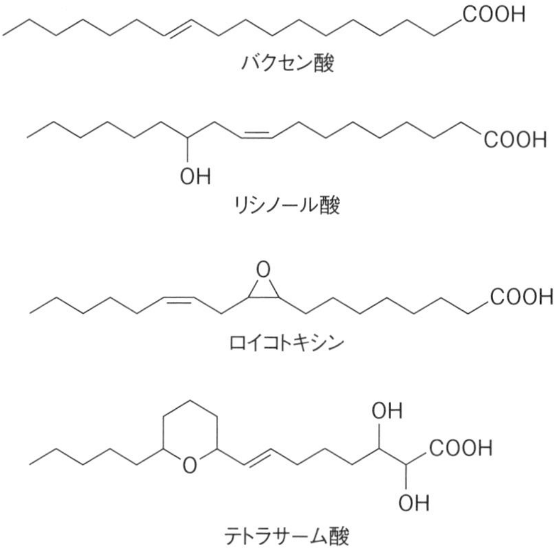

COOH
バクセン酸

COOH
OH
リシノール酸

O
COOH
ロイコトキシン

OH
COOH
O
OH
テトラサーム酸

図1-3　脂肪酸分子自体が生理活性を持つ脂肪酸

(1) バクセン酸（C18:1 *Δt*11）

この脂肪酸は反芻動物（ウシやヒツジなど）の脂肪に多く見られる。マウスやラットの成長促進因子といわれているが、どのようなメカニズムなのかは明らかになっていない。ウシやヒツジとネズミとの関わりが、永いことを物語っているのかもしれない。

(2) リシノール酸 (12-hydroxy-C18:1 $\Delta c9$)

ヒマシ油の成分。オレイン酸のOH付加物に相当する。消化管粘膜を刺激し、下痢を引き起こすため、下剤として利用されている。また、鎮痛作用や抗炎症作用を示す報告もある (第6章6-1-2項を参照)。

(3) ロイコトキシン (9,10-epoxy-*cis*-12-octadecenoic acid) (9,10-epoxy-C18:1 $\Delta c12$)

リノール酸の酸化によって生成する。炎症を引き起こす。火傷組織で生成する。

(4) テトラサーム酸 (tetrathermic acid) (2,3-dihydroxy-9,13-oxy-*trans*-7-octadecenoic acid)

ヒトリンパ球由来のがん細胞 (HL60) の増殖を抑制する。テトラヒメナの構成脂質であるリポアミドの成分として知られている。分子内のピラン環とそれに隣接するトランス二重結合が活性の中心である。シス型には活性はない。

1-2　脂肪酸の生合成

SUMMARY

アセチル-CoAからマロニル-ACPとアセチル-ACPが生成する。この二つが縮合することにより、飽和脂肪酸の合成が始まる。

不飽和化は、植物と動物でその方法が異なる。植物の場合、オレイン酸 (C18:1 $\Delta c9$) の不飽和化は、糖脂質に結合したままで行われ、α-リノレン酸 (ω3脂肪酸) やγ-リノレン酸 (ω6脂肪酸) などが合成される。一方、動物では、オレイン酸は合成されるものの、⊿9より遠い炭素は不飽和化できないので、α-リノレン酸やγ-リノレン酸は体外から摂取しなければならない。

1-2-1　飽和脂肪酸の生合成

体内で飽和脂肪酸は、次のように合成される（**図1-4，図1-5**）。まず、ATPクエン酸リアーゼにより、クエン酸とコエンザイムA（CoA）からオキサロ酢酸とアセチル-CoAが生成する。アセチル-CoAの一部は、酵素アセチル-CoAカルボキシラーゼの触媒作用で二酸化炭素が付加して、マロニル-CoAになる（図1-4，①）。マロニル-CoAもアセチル-CoAも、CoA（コエンザイムA、co-enzyme A）がACP（アシルキャリアープロテイン、acyl-carrier protein）[用語1]と交換される（②，③）。ACPは分子量10,000程度の小さなタンパク質であるが、反応性に富んだスルフヒドリル（-SH）基をもち、アセチル基と容易に結合する。アセチル-ACPとマロニル-ACPはこの段階で縮合し、

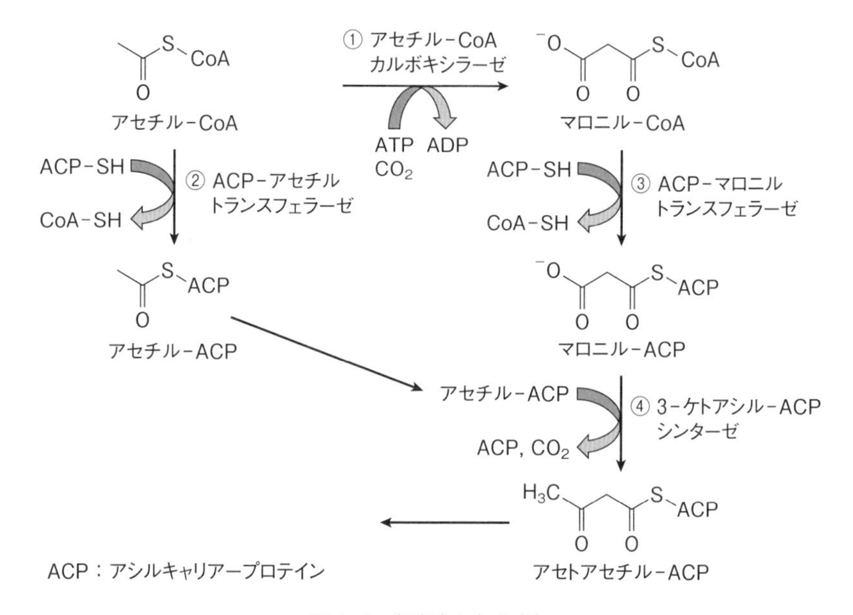

図1-4　脂肪酸の合成（1）

炭酸が離脱してアセトアセチル-ACPになる（④）。ここまでが脂肪酸合成の前半部分である。

後半は、アセトアセチル-ACPの3位のカルボニル（ケトン）基が還元され（図1-5, ⑤）、脱水によって2位と3位の間に二重結合が導入される（⑥）。この二重結合は$NADPH_2$（後出）によって還元されてアシル-ACPに変換される（⑦）。アシル-ACPから再度炭素鎖伸長の段階に入り、マロニル-ACPが付加して、二酸化炭素が離脱し、炭素鎖が2個伸びた3-ケトアシル-ACPになる（⑧）。この後は、図の⑤, ⑥, ⑦, ⑧の反応を繰り返し、C16のパルミトイル-ACPまで鎖長が伸びて、パルミトイル-ACPヒドラーゼでACPが切断されてパルミチン酸になる。

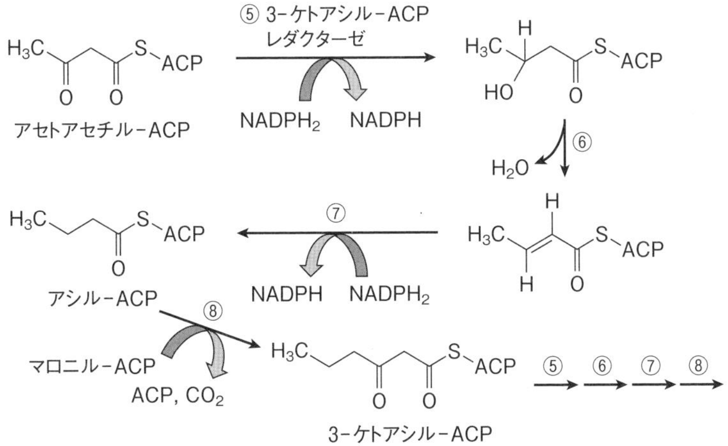

⑤ 3-ケトアシル-ACP
レダクターゼ
$NADPH_2$　NADPH
アセトアセチル-ACP
⑥ H_2O
⑦
NADPH　$NADPH_2$
アシル-ACP
⑧
マロニル-ACP
ACP, CO_2
3-ケトアシル-ACP
⑤ ⑥ ⑦ ⑧

図 1-5　脂肪酸の合成（2）

パルミチン酸より長い炭素鎖の伸長は、パルミトイル-CoAにアセチル-CoAが付加する方法、つまり、脂肪酸のβ酸化（本章の1-3節 脂肪酸の代謝を参照）の逆反応で進む（**図 1-6**）。違いは、β酸化では$FADH_2$（還元型フラビンアデニンジヌクレオチド、flavin adenine dinucleotide）が使われるが、脂肪酸の炭素鎖伸長の場合は、$NADPH_2$（還元型ニコチンアミドアデニンジヌク

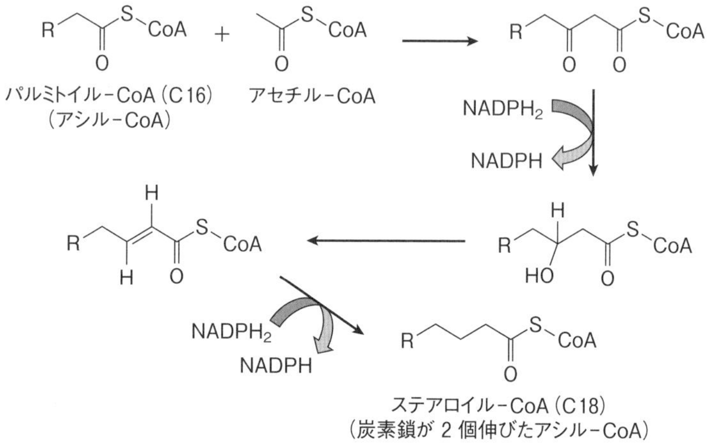

図 1-6　脂肪酸の合成 (3) (C16 以上の炭素鎖の伸長)

レオチドリン酸、nicotinamide adenine dinucleotide phosphate) が使われる点にある。

1-2-2　不飽和化

脂肪酸の不飽和化は植物と動物では異なった方式で行われる。

植物では、プラスチド(色素体)と細胞成分の合成を行う小胞体 (endoplasmic reticulum) で、それぞれ行われている。プラスチドでは、飽和脂肪酸合成に使われていた ACP がここでも使われる。図 1-4～1-6 の反応によって合成されたステアロイル-CoA (C18:0) の CoA を ACP に変換したものを基質とし、Δ9 を不飽和化してオレイン酸 (C18:1 Δc9) に変換される。その後、このオレイン酸は糖脂質 (モノガラクトシルグリセロ糖脂質) に組み込まれ、滑面小胞体に分布する不飽和化酵素の触媒作用を受け、糖脂質の状態でさらにリノール酸や α および γ-リノレン酸に不飽和化される。一方、小胞体では、リン脂質のホスファチジルグリセロールなどに結合したオレイン酸が ω-6, ω-3 の位置で不飽和化を受け、リノール酸、α および γ-リノレン酸に変換される。

動物細胞では、ステアロイル-CoA (C18:0) から植物の場合と同じく、滑面小胞体でオレイン酸に変換される。しかし、Δ9よりカルボキシ基に近い炭素は不飽和化されるが（Δ6など）、Δ9より遠い炭素を不飽和化する酵素が存在しないので、動物はC18のω3やω6脂肪酸が合成できないことになる。アラキドン酸（C20:4 Δ*c*5, *c*8, *c*11, *c*14）やDHA（C22:6 Δ*c*4, *c*7, *c*10, *c*13, *c*16, *c*19）などは不飽和化されたC18:2, C18:3から鎖長が伸長されて合成される。

不飽和化の反応についてもう少し詳しくみると、二重結合を導入する位置、例えばオレイン酸（C18:1 Δ*c*9）の場合は、ステアリン酸（C18:0）のカルボキシ基から数えて9番目と10番目の炭素の間が不飽和化酵素の活性中心に合致するように固定される。不飽和化酵素には、2つの鉄（Fe）を活性中心とするフェロシトクロム *b*5という酸化還元酵素が関与する。反応の概要は

$$\text{(C18:0)-CoA} + 2\,\text{フェロシトクロム}\ b5 + O_2 + 2H^+ + 2e^- \rightarrow \text{(C18:1}\ \Delta c9\text{)-CoA} + 2H_2O$$

となる。ところで不飽和化の際には、不飽和化されるC-HからHが外れる必要がある。この開裂は、従来は不均等開裂（$C\text{-}H \rightarrow C^+ + H^-$または$C^- + H^+$）と考えられていた。しかし、計算化学による最近の論文で、脂肪酸のC-Hは酵素との相互作用により、均等開裂（$C\text{-}H \rightarrow C^\bullet + {}^\bullet H$）が起こることが報告されている[2]。では、この不飽和化でどうして二重結合がシス（*cis*）配置になるのであろうか。何等かのメカニズムがあると思われる。

1-2-3 ヒドロキシ化（水酸化）

ヒドロキシ脂肪酸の一つであるリシノール酸（12-hydroxy-C18:1 Δ*c*9）（図1-3）の前駆体はリノール酸（C18:2 Δ*c*9, *c*12）である。Δ12にH_2Oが付加して、リシノール酸が合成されると考えられている。

1-3　脂肪酸の代謝

SUMMARY

脂肪酸が代謝されるためには、脂肪酸にコエンザイムA（CoA）が結合する必要がある。しかし、脂肪酸-CoAはエネルギー生産の場であるミトコンドリアに取り込まれないので、脂肪酸-カルニチン（Car）となってミトコンドリアの膜を通過し、再び脂肪酸-CoAに戻り、酸化を受ける。酸化は主にβ酸化である。この酸化でアセチル-CoAが生産され、TCAサイクルに組み込まれ、最終的にATPの生産につながる。

脂肪酸は「血液－脳関門」でブロックされて、脳に到達できない。そのため、脂肪酸は肝臓で代謝を受けてケトン体（3-ヒドロキシ酪酸や3-ヒドロキシペンタン酸）になり、関門を通過して脳のエネルギーになる。

1-3-1　酸化とエネルギー生産

脂肪酸からエネルギーを生産するためには、最終的にアセチル-CoAを生成する必要がある。では、どのようにして生成するのだろうか。脂肪酸は、エステル結合したトリグリセリドの形で細胞質に分布している。まず、脂質のエステル結合を切断する酵素であるリパーゼによって脂肪酸が遊離する。この遊離脂肪酸にアシル-CoA合成酵素が作用して脂肪酸-CoAになる。**図1-7**に示したように、これには2段階の反応が必要で、最初に遊離脂肪酸のカルボキシ基にATPが作用して脂肪酸-AMPに変換される。次に脂肪酸-AMPのAMPが交換反応によってCoAと交換され、脂肪酸-CoAになる。

ところで、アセチル-CoAの生成の場はミトコンドリアであるが、脂肪酸-CoAはミトコンドリアと細胞質を隔てている膜を通過できないことが知られている。そこで、この膜を通過するために、脂肪酸-CoAのCoAをカルニチン（Car）に置き換えることで、膜を通過してミトコンドリア内に入ることができるようになる。ミトコンドリアでは脂肪酸-Carが再び脂肪酸-CoAに置き換わり、ようやく脂肪酸の酸化の準備が完了する。

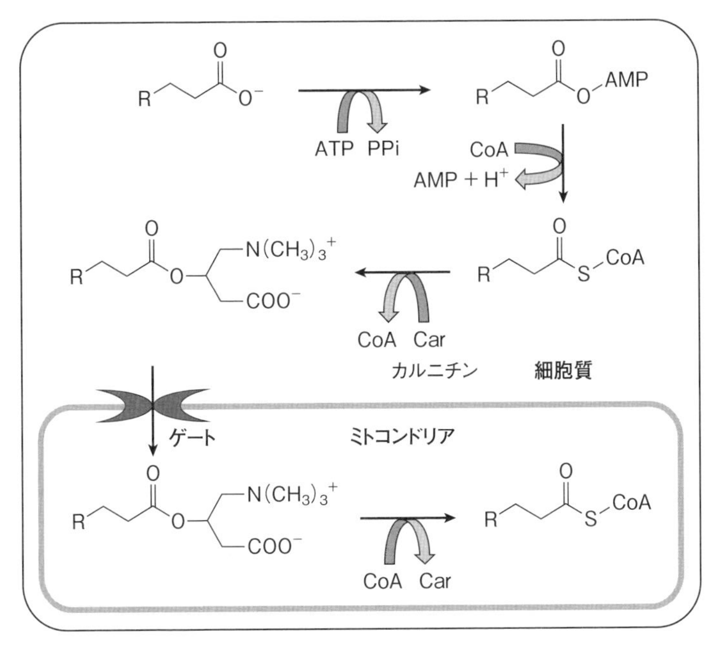

図 1-7　脂肪酸のミトコンドリアへの移送反応

(1) β酸化

ミトコンドリアに入った脂肪酸-Car は脂肪酸-CoA に変換され、β酸化を受ける（**図 1-8**）。最初、脂肪酸-CoA の 2 位（α位）と 3 位（β位）との間にトランスの二重結合が導入される。この時、FAD が $FADH_2$ に還元される。次にβ位にヒドロキシ基が導入され、続いて、ヒドロキシ基は酸化されてケトンになる。ケトンの付け根の炭素は反応性に富んでいるので、そこにコエンザイム A のスルフヒドリル基が付加して、アセチル-CoA が切り離される。この反応を繰り返してアセチル-CoA を産生する。アセチル-CoA は TCA サイクル（クエン酸回路）経由で、ATP を産生する。ステアリン酸を例にエネルギー収支をみると、

$$C_{17}H_{35}COOH + 26O_2 + 146Pi + 146ADP \rightarrow 18CO_2 + 164H_2O + 146ATP$$

ステアリン酸 1 分子から 146 分子の ATP が生産されることになる。

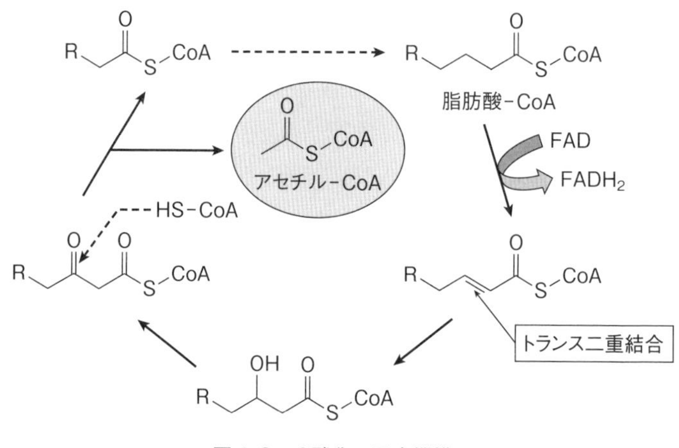

図1-8　β酸化の反応機構

奇数脂肪酸の場合はβ酸化を繰り返すと、最後にC_3のプロピオニル-CoAが生成する。プロピオニル-CoAの2位（α位）に二酸化炭素が導入され、メチルマロニル-CoAに変換される。メチルマロニル-CoAは、ビタミンB_{12}を補酵素とするメチルマロニル-CoAムターゼによって、スクシニル-CoAに変換されて、TCAサイクルに組み込まれる（**図1-9**）（詳しくは第2章2-2節参照）。

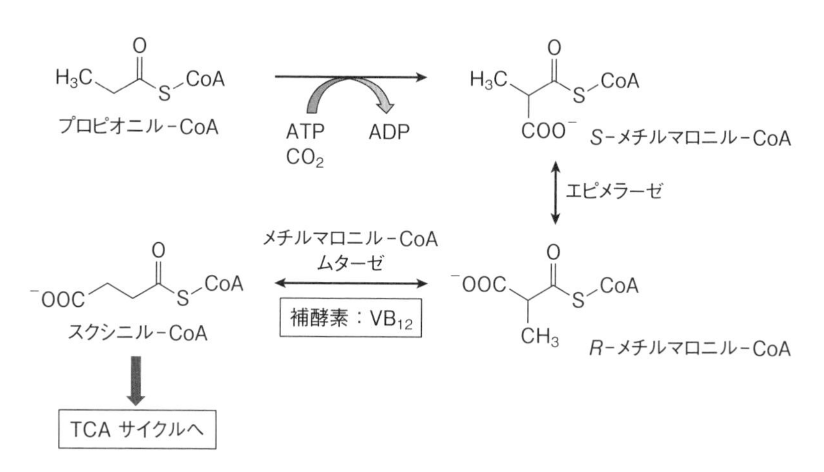

図1-9　奇数脂肪酸のβ酸化で生成するプロピオニル-CoAの代謝

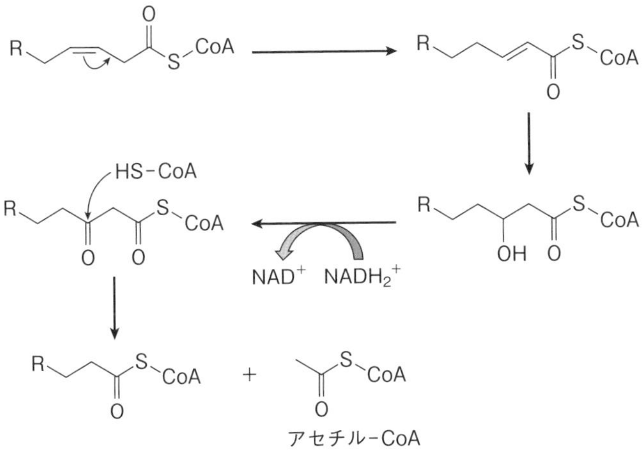

図 1-10　不飽和脂肪酸の β 酸化

不飽和脂肪酸の β 酸化では β-γ 位のシス (*cis*) 型の二重結合が α-β 側に転移し、トランス (*trans*) 型に異性化する (**図 1-10**)。不飽和脂肪酸の場合、飽和脂肪酸とは異なり、FAD 関与の不飽和化酵素は不要になる。したがって、$FADH_2$ の生成はないことになる。

(2) α 酸化

α 酸化は、脂肪酸のカルボキシ基の炭素を切り出す経路で、α 位にカルボキシ基が導入される。β 位にメチル基などの側鎖が付いた脂肪酸を分解する場合に作動し、最終的にはアセチル-CoA とプロピオニル-CoA (メチル基側鎖がプロピオニル基の末端になる) が生成する。ヒトの場合、β 位にメチル基側鎖のある脂肪酸、例えばフィタン酸 (C16:0) は細胞内の小器官ペルオキシソームでコエンザイム A (CoA) が結合し、酸化されて 2-ヒドロキシ脂肪酸-CoA となる。次にヒドロキシ基とカルボニル基との間が切断されて、脂肪酸部分はアルデヒドに、CoA 部分は炭素 1 個のホルミル-CoA になる。アルデヒド部分は酸化されて、元の脂肪酸より炭素 1 個分少ない脂肪酸になる。その結果、メチ

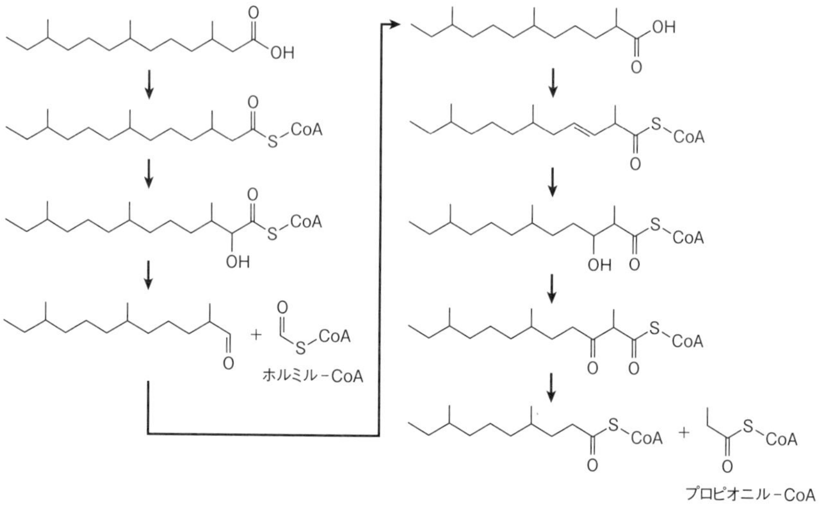

図 1-11 α 酸化（左側）と分枝脂肪酸の β 酸化（右側）
（本図は C13:0 を例とした）

ル基側鎖は α 位に移動したことになり、以後は β 酸化が進行する。つまり、β, γ 位の炭素間に二重結合が導入され、ヒドロキシ化、カルボニル化を経て、プロピオニル-CoA が生成するのである（**図 1-11**）。

(3) ω 酸化

ω 酸化では、まず脂肪酸のメチル基末端から ω-2 程度までの炭素がヒドロキシ化される。その後さらに進んで、カルボキシ基になり、ジカルボン酸になる経路である。ジカルボン酸は両端から β 酸化を受けることになる。真正細菌 *Bacillus megaterium* の無細胞抽出液 100,000 g の上清（ミクロソーム画分）を用いた実験では、脂肪酸-CoA より遊離脂肪酸の方が ω-2 のヒドロキシ化が起こりやすいとの報告がある[3]。メカニズムについては不明確な点が多い。

1-3-2 ケトン体の生成

ヒトの場合、脳内に異物が入らないように「血液－脳関門（Blood-Brain

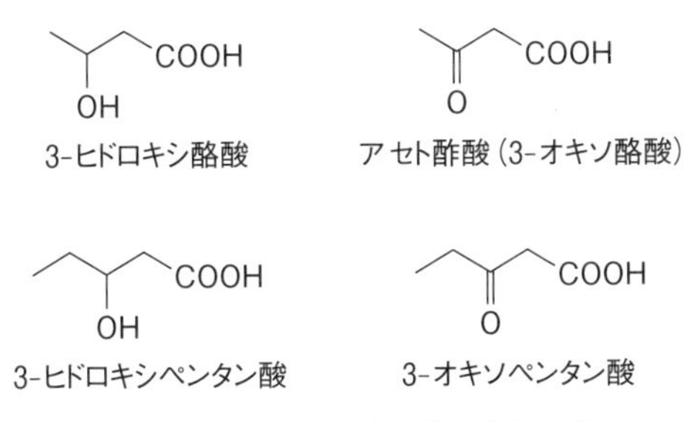

図 1-12 脂肪酸から生成するケトン体

Barrier)」というバリヤーがある。脂肪酸はこのバリヤーを通過できないとされており、脳のエネルギーとしてはグルコース（ブドウ糖）が血液－脳関門を通過して供給されている。しかし、飢餓でグルコースが不足した場合や、老化でグルコースの取り込みが十分にできなくなる場合などでは、グルコースの代わりに脂肪酸から生成するケトン体が使われる。**図 1-12** に示したケトン体のうち、例えば3-ヒドロキシ酪酸（β-ヒドロキシ酪酸）は、肝臓で脂肪酸が分解されることによって生成したアセチル-CoA から作られる。また、3-ヒドロキシペンタン酸は、プロピオニル-CoA とアセチル-CoA の縮合で作られる。これらのケトン体は、血液－脳関門を通過して脳のエネルギーとして使われる。通過した後、ケトン体は脳内でアセチル-CoA やプロピオニル-CoA に戻され、TCA サイクルに組み込まれ、最終的には ATP を産生する。詳しくは第 4 章を参照していただきたい。

第２章　奇数脂肪酸の生成と代謝

2-1　生物がつくる奇数脂肪酸

SUMMARY

炭素数が奇数個の脂肪酸を奇数脂肪酸と呼ぶ。ウシやヒツジなどの反芻動物の肉や乳の脂肪には、奇数脂肪酸が他の動物のものより多く含まれている。一方、穀物や野菜などの植物には奇数脂肪酸は含まれていない。動物や微生物には偶数脂肪酸を奇数脂肪酸に変える代謝系がある。ヒトでは脳細胞に奇数脂肪酸とその前駆体が、他の臓器より多く含まれている。

2-1-1　反芻動物がつくる奇数脂肪酸

ウシやヒツジ、ヤギ、ラクダなどは反芻動物と呼ばれ、第一胃に共生する多種多様な微生物によって植物の繊維質などを分解して消化している。反芻動物の脂肪には奇数脂肪酸が多く含まれており、例えば牛乳には**表 2-1** に示した脂肪酸が、多いもので数 % も含まれる。奇数脂肪酸の炭素数は 11 ～ 17 の脂肪酸がほとんどで、最も多い成分は炭素数 15 のペンタデカン酸(pentadecanoic acid）である。

表 2-1　牛乳中の主な奇数脂肪酸

脂肪酸名 （炭素数：二重結合数）	構造式
トリデカン酸 （C 13：0）	 COOH
ペンタデカン酸 （C 15：0）	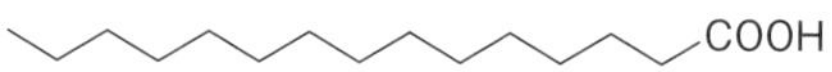 COOH
ヘプタデカン酸 （C 17：0）	 COOH

なぜ牛乳には奇数脂肪酸が多く含まれるのだろうか。これはウシが草を食べて消化するメカニズムによる。ウシが食べた草は第一胃（ルーメンとも呼ばれる）で分解される。ところで、実際に分解するのはウシ自身ではなく、第一胃にたくさん共生している微生物群であり、細菌や原生動物が主役となる。一般に微生物は、餌となる牧草の種類によって作る脂肪酸が多少異なるが、奇数脂肪酸も生産する。また、ビタミン類も合成している。ルーメンで微生物によって発酵・消化された栄養分や分解成分が胃壁から吸収され、吸収されなかった部分は第二胃に送られて、さらに分解される。第二、第三、第四胃を経由して、ヒトでは消化されないセルロースまで、栄養分として吸収する。胃壁から吸収された奇数脂肪酸は血液を通って、筋肉成分や乳腺細胞で乳脂肪の成分となって、牛乳中に分泌される。

ヒトは牛乳やチーズなどの乳製品を通しても微量の奇数脂肪酸を摂取している。ペンタデカン酸（C15:0）の平均的な含有量は、牛乳中の最も多い脂肪酸であるパルミチン酸（C16:0）（牛乳 100 g 中に 1100〜1500 mg）の 3〜4 %（38〜46 mg）程度である。また、魚や卵などにも微量の奇数脂肪酸が含まれているが、米などの穀類や野菜類には含まれていない。

2-1-2　ヒトがつくる奇数脂肪酸

ヒトの体内にある脂肪酸のほとんどは偶数の炭素鎖（偶数脂肪酸）で構成されている。もちろん、魚や肉にある脂肪酸もほとんどが偶数脂肪酸である。

脂肪酸の合成は、アセチル-CoA から炭素 2 個ずつ縮合されて C16:0 のパルミチン酸や C18:0 のステアリン酸が作られる（第 1 章 1-2 節参照）。しかし、この経路では偶数脂肪酸しか作ることができない。

それでは、奇数脂肪酸はどのようにして作られるのであろうか。脂質の酸化にはカルボキシ基の炭素を 1 個だけ切り出す反応がある。これを α 酸化（α-oxidation）と呼んでいる（第 1 章 1-3-1 項参照）。したがって、偶数脂肪酸を α 酸化すると、炭素数が 1 個減るため、奇数脂肪酸ができるのである（**図**

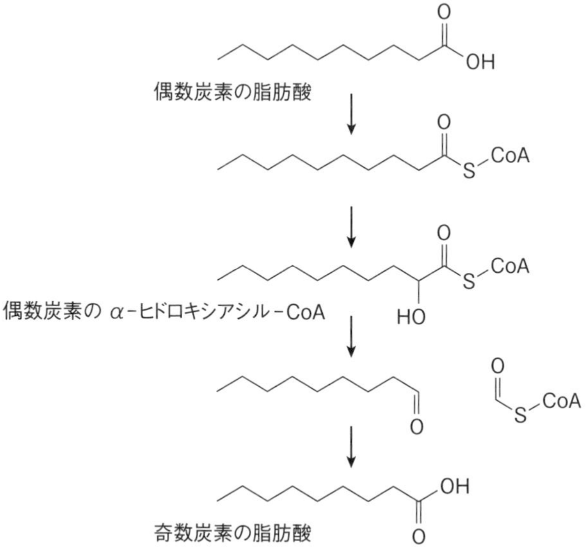

O OH
偶数炭素の脂肪酸
O S CoA
O S CoA HO
偶数炭素の α-ヒドロキシアシル-CoA
O O S CoA
OH O
奇数炭素の脂肪酸

図 2-1 奇数脂肪酸の生合成（1） α酸化

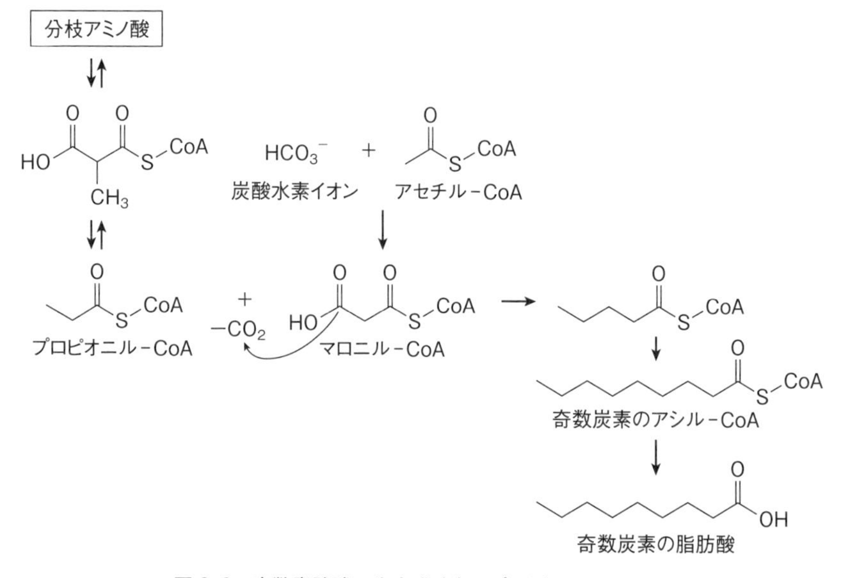

図 2-2 奇数脂肪酸の生合成（2） プロピオニル-CoA

2-1)。また、バリンやロイシンなどのアミノ酸の代謝でできるメチルマロニル-CoAから炭素数3個のプロピオニル-CoAを経由して、奇数脂肪酸のエネルギー代謝（2-2-2項参照）の逆反応でも奇数脂肪酸ができる（**図2-2**）。

いずれにしても、奇数脂肪酸は特定の役目を担って合成されているのであろう。特に、ヒトを含む動物の脳には、奇数脂肪酸や、奇数脂肪酸になる前駆体である2（またはα）-ヒドロキシ脂肪酸（2-hydroxy fatty acid）がかなりある。

2-2　奇数脂肪酸による細胞の活性化

SUMMARY

奇数脂肪酸の代謝産物であるプロピオニル-CoAが、細胞のエネルギー生産系（TCAサイクル）が疲弊した時に、補充的にエネルギー生産と細胞の機能回復のために働く。

2-2-1　消費反応と補充反応

細胞の代謝やエネルギー産生に関与する中心はミトコンドリアのTCAサイクルである。TCAサイクルで作られる低分子有機酸は細胞に必要な物質の重要なパーツであり、必要に応じてアミノ酸や核酸を作る代謝系に引き抜かれる。この引き抜き反応を消費反応（cataplerosis）という。

一方、TCAサイクルの代謝中間物質が引き抜かれると代謝が滞るので、必要な物質を供給しなければならなくなる。この供給する反応を補充反応（anaplerosis）という。TCAサイクルの補充反応として、α-ケトグルタル酸、オキサロ酢酸およびスクシニル-CoAを供給するルートがある。オキサロ酢酸の供給ルートは3系統あり、合計5つの補充反応系がある。この5つの反応系のうち、スクシニル-CoAを供給するルートでは奇数脂肪酸が供給源となっており、重要な役割を果たしている。

2-2-2　奇数脂肪酸の代謝と補充反応

奇数脂肪酸はβ酸化を受けて最後には炭素数3個のプロピオニル-CoAになる。プロピオニル-CoAの2位（α位）の炭素に炭酸が付加して、メチルマロ

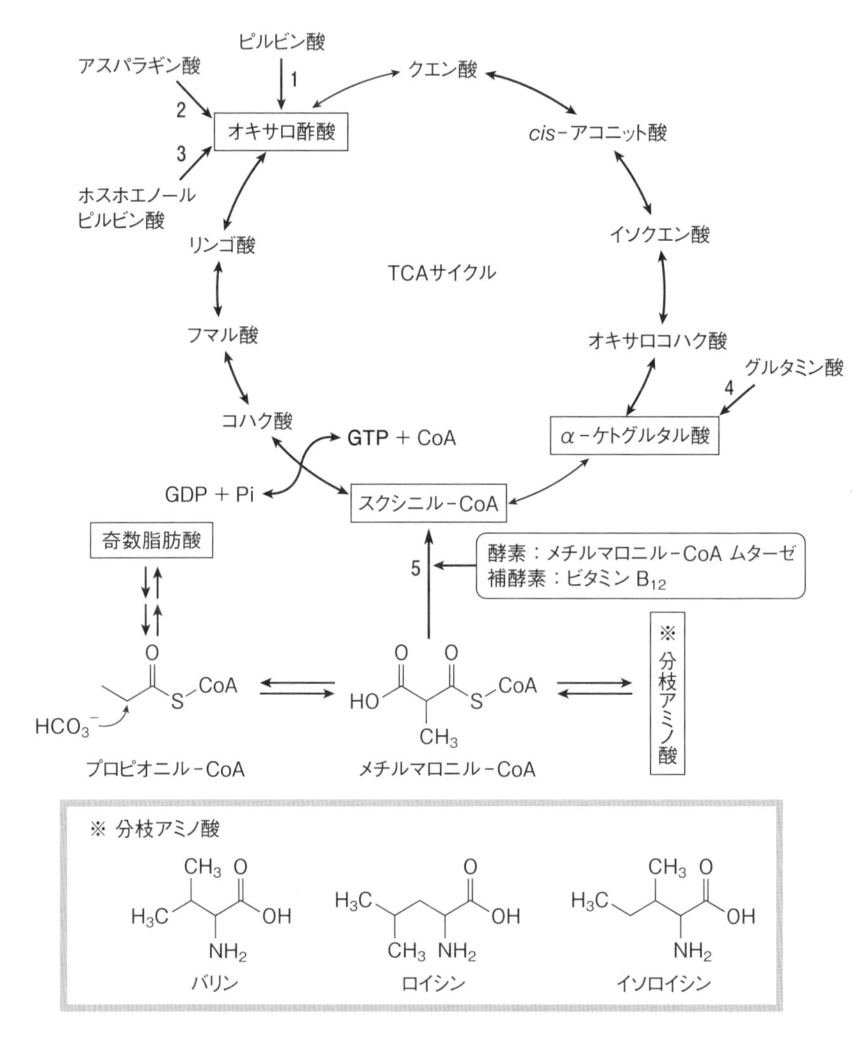

図2-3　奇数脂肪酸と分枝アミノ酸の代謝における接点
（図中の1～5は補充反応の経路を示す）

ニル-CoAになり、酵素（メチルマロニル-CoAムターゼ）で、スクシニル-CoAに変換されてTCAサイクルのメンバーとして代謝される（**図2-3**）。奇数脂肪酸の他に、分枝アミノ酸からもメチルマロニル-CoAが生成し、TCAサイクルに関与する（詳しくは2-4節参照）。TCAサイクルでスクシニル-CoAがサクシネート（コハク酸）に変換される時、GTPが産生する。GTP（グアノシン三リン酸）は、細胞内のシグナル伝達やタンパク質の機能調節に関与する重要なシグナル伝達物質である。

TCAサイクルはエネルギー生産と生合成という生命活動で最も重要な回路なのである。この回路で各中間体の濃度を一定になるように調節するために、補充反応と消費反応のバランスをとる必要がある。この機能を恒常性維持機能（ホメオスタシス）という。5系統ある補充反応の中で、オキサロ酢酸が生成する反応が最も重要であろうと考えられている。

2-3　偶数脂肪酸と奇数脂肪酸の代謝の違い

SUMMARY

偶数脂肪酸は炭素2個ずつ代謝され、エネルギー生産や細胞構成成分になる。奇数脂肪酸は偶数脂肪酸の機能の他、メチルマロニル-CoAが細胞機能を復活させる。

アセチル-CoAは、偶数脂肪酸のβ酸化（図1-8参照）やグルコースの分解（解糖系、glycolysis）によって生成される。アセチル-CoAはTCAサイクルにおいて、オキサロ酢酸をクエン酸に変換するパーツであり、また、糖を脂肪酸に変換する物質でもある。生体の反応は可逆的反応で、作られる物質には必ず分解する系も存在する。偶数脂肪酸は代謝されてアセチル-CoAとなり（**図2-4**）、TCAサイクルに入って1回転すると、電子伝達媒体であるNADH 3分子とGTP 1分子を産生する。このNADHがADPを高エネルギーリン酸化結

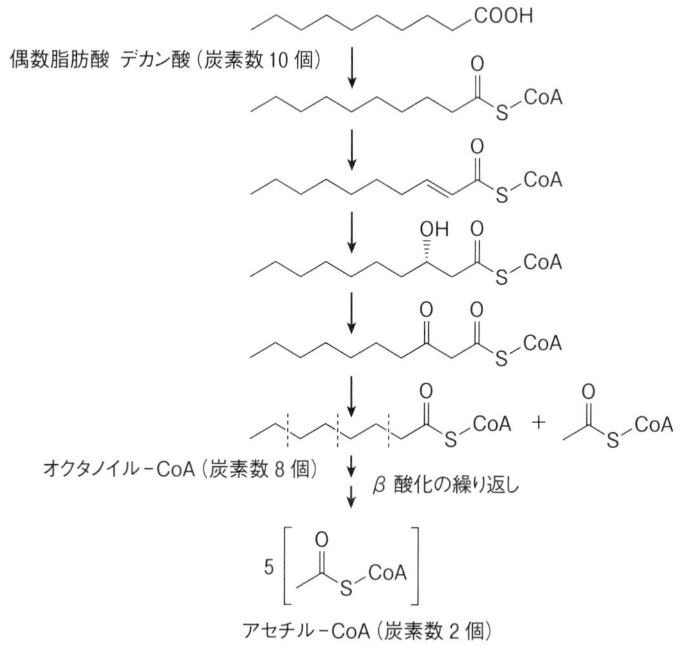

図 2-4　β酸化における偶数脂肪酸と奇数脂肪酸の代謝の違い—偶数脂肪酸

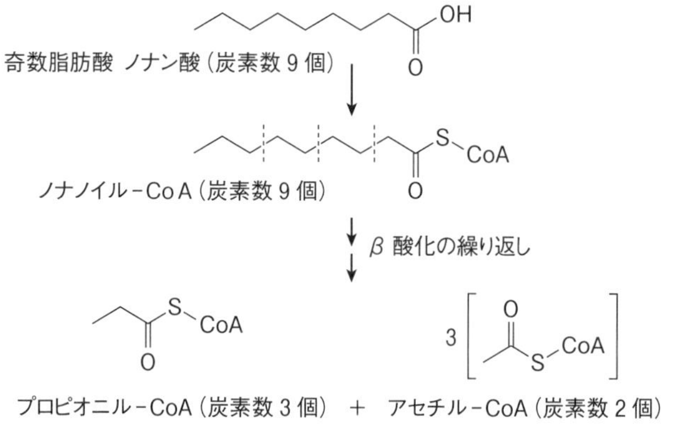

図 2-5　β酸化における偶数脂肪酸と奇数脂肪酸の代謝の違い—奇数脂肪酸

合の付いたATPに変換し、種々のエネルギー反応に関与する。つまり、偶数脂肪酸はTCAサイクルを円滑に回し、エネルギー産生に関与することになる。

一方、奇数脂肪酸も同様に、β酸化によってアセチル-CoAが生成され、TCAサイクルに入ってエネルギー産生に関与する。偶数脂肪酸との違いは、β酸化によってアセチル-CoAの他に、プロピオニル-CoAもつくられるところである（**図2-5**）。2-2節で述べたように、プロピオニル-CoAはメチルマロニル-CoAを介して補充反応を行ったり、アミノ酸の合成に関与したりしている（2-4節参照）。

2-4　分枝アミノ酸（BCAA）と奇数脂肪酸

SUMMARY

奇数脂肪酸の代謝とロイシンやバリンなどの分枝アミノ酸（BCAA）の代謝とは、補充反応で合流する。BCAAは生体内でもつくられるが、不足するので必須アミノ酸として体外から補給している。

過激な運動をしたとき、エネルギー供給の不足や細胞機能の低下が起きる。この緊急事態に筋肉タンパク質からBCAAが動員されてメチルマロニル-CoAに変換されてTCAサイクルに入り、必要な物質を補充することになる（図2-3）。運動時の痙攣や筋肉痛は筋繊維から筋肉タンパク質が分解・消費された結果として起きていると云われている。スポーツドリンクに入っているBCAAは、筋肉タンパク質からのBCAAの供給を抑え、筋肉痛や痙攣を軽減する役目をしているのである。一方、奇数脂肪酸もβ酸化を受けて、最後にプロピオニル-CoAになり、炭酸水素イオンが付加してメチルマロニル-CoAに変換される。つまり、奇数脂肪酸とBCAAはメチルマロニル-CoAでつながっているのである。BCAAは必須アミノ酸であるが、生体内でも合成されている。しかし、過激な運動などでBCAAの消費が激しい場合、生体内合成だけでは不足するので、体外から補給する必要性が生じる。

2-5 ビタミンB_{12}と奇数脂肪酸代謝

SUMMARY

奇数脂肪酸はプロピオニル-CoAとなり、メチルマロニル-CoA経由の補充反応に利用される。この反応の酵素はメチルマロニル-CoAムターゼであり、補酵素としてビタミンB_{12}が必要である。しかし、ヒトの場合、ビタミンB_{12}は胃壁から分泌される内因性糖タンパク質がないと吸収されない。ビタミンB_{12}を吸収されやすくするためには胃を健全に保つ必要がある。

アルツハイマー症患者の脳細胞には奇数脂肪酸が増加しており、極端にビタミンB_{12}が少ないという。では、奇数脂肪酸の多い細胞にビタミンB_{12}を与えたら、奇数脂肪酸は減るだろうか。実験で確かめてみた。

林雅弘氏ら[4]の結果が示すように、奇数脂肪酸の多いオーランチオキトリウム（第3章3-1節および第9章参照）の野生株を、ビタミンB_{12}を添加した培地で生育させると、奇数脂肪酸が消失した（**図2-6**）。

逆に、著者らはビタミンB_{12}が十分に入っている標準培地と、この標準培地からビタミンB_{12}を1/50以下にした制限培地の二種類を用意し、オーランチオキトリウムを培養した。その後、細胞の脂質を抽出し、脂肪酸組成を調べた。その結果を**表2-2**に示す。標準培地で増殖した細胞には奇数脂肪酸のペンタデカン酸（C15:0）が3.6％、ヘプタデカン酸（17:0）が0.2％含まれていた。他の主要脂肪酸としてパルミチン酸（C16:0）が47.5％、EPA（C20:5）が7.1％、DHA（C22:6）が39.3％それぞれ含まれていた。一方、B_{12}制限培地で増殖した細胞では、C15:0が22.0％、C17:0が5.2％と、標準培地で増殖した細胞の

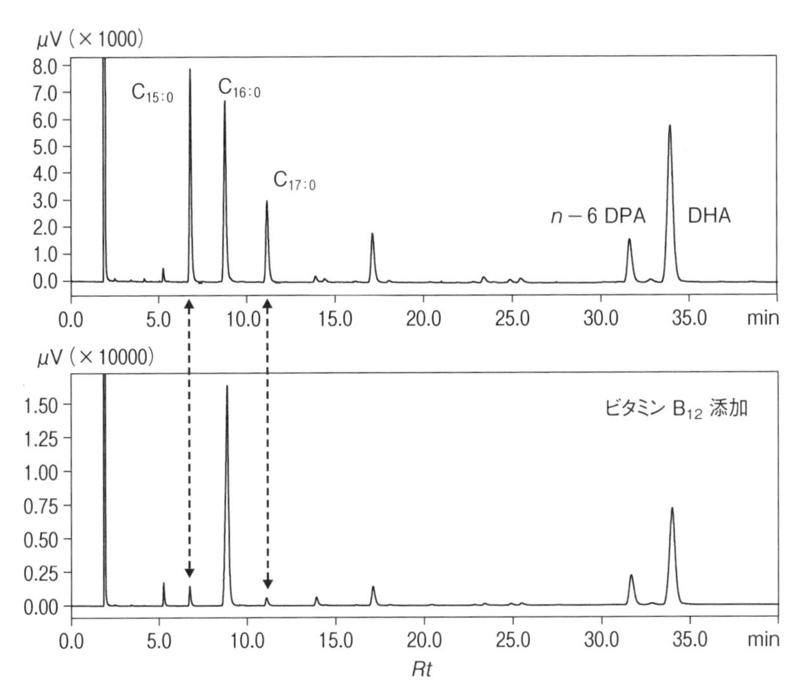

図 2-6　オーランチオキトリウムの脂肪酸組成の違い（GC の結果）
上はビタミン B_{12} の添加の無い場合，下はビタミン B_{12} を添加した場合．
〔文献 [4] より転載〕

表 2-2　標準培地とビタミン B_{12} 制限培地とで培養したオーランチオキトリウムの脂肪酸組成

脂肪酸	標準培地 (%)	ビタミン B_{12} 制限培地 (%)
C 12	0.1 ± 0.01	tr
C 13	tr	0.3 ± 0.02
C 14	3.6 ± 0.2	0.6 ± 0.03
C 15	3.6 ± 0.04	22.0 ± 1.3
C 16	47.5 ± 3.8	10.4 ± 0.6
C 17	0.2 ± 0.01	5.2 ± 0.3
C 18	1.3 ± 0.1	0.2 ± 0.01
C 20 : 5	7.1 ± 0.5	8.6 ± 0.5
C 24 : 1	0.3 ± 0.02	0.6 ± 0.03
C 22 : 6	39.3 ± 3.1	52.0 ± 3.1

tr：痕跡程度の量が存在

場合より増加していた。反対に、偶数脂肪酸であるミリスチン酸（C14:0）が3.6％から0.6％に、C16:0が47.5％から10.4％と、標準培地で増殖した細胞の場合より減少していた。ドコサヘキサエン酸（DHA）は39.3％から52.0％に増加していた。これらの脂肪酸組成の変化は、ビタミンB_{12}の制限により、ビタミンB_{12}を補酵素とするメチルマロニル-CoAムターゼが不活性化し、分枝アミノ酸（BCAA）の代謝中間体であるメチルマロニル-CoAが蓄積した場合、補充反応の逆ルートを経由してプロピオニル-CoAから奇数脂肪酸が合成されたものと考えられる（図2-3参照）。

偶数脂肪酸であるDHAが増加していた理由は以下のように考えられる。培地の炭素源であるグルコースは解糖系でアセチル-CoAとなり、ビタミンB_{12}が十分にあれば、飽和の偶数脂肪酸の合成に使われるのであるが、制限培地では、奇数脂肪酸合成が優勢になると共に、ポリケチド合成系[用語2]によるDHA合成が優勢になるものと思われる。

老化に伴ってビタミンB_{12}の吸収が悪くなり、ビタミンB_{12}が不足状態になることから、老人の脳に多いと云われている奇数脂肪酸は神経細胞中のビタミンB_{12}欠乏の結果と考えられる。ビタミンB_{12}の補給によって、神経細胞の代謝が活性化し、奇数脂肪酸が本来の補充反応に使われるとすれば、アルツハイマー症の予防として、ビタミンB_{12}の多いビタミン剤を直ちに常用すべきではないだろうか。

しかし、話はそんなに単純ではないようである。ヒトのビタミンB_{12}の吸収メカニズムを見ると、数段階のステップがある。まず、経口経由で胃に入ったビタミンB_{12}－タンパク質複合体は胃酸の作用で遊離状態になり、ハプトコリンという唾液に含まれるタンパク質（Rタンパク質とも呼ばれている）と結合し、胃酸による攻撃から守られる。ビタミンB_{12}－ハプトコリン複合体は十二指腸から分泌される膵液で分解され、遊離したビタミンB_{12}が胃壁から分泌されたIntrinsic Factor（IF）と呼ばれる糖タンパク質性内因子と結合し、回腸終端部の絨毛から吸収され、腸上皮細胞経由で血液に入る。血液に入る際に、ビ

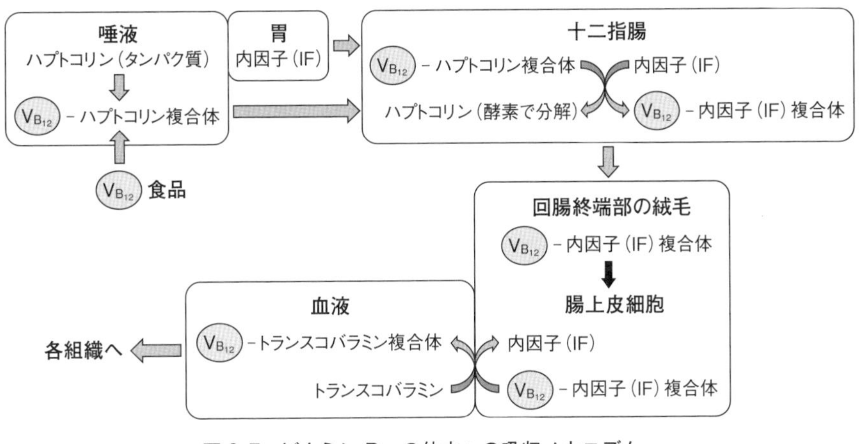

図 2-7　ビタミン B_{12} の体内への吸収メカニズム

タミン B_{12} はIFからトランスコバラミンという輸送タンパク質（Carrier Protein）に移されて組織に運ばれる（**図 2-7**）。

このメカニズムで示したように、ビタミン B_{12} はIFと結合しないと吸収されないことになる。つまりIFの分泌が吸収の律速段階になる。一般的に、ビタミン B_{12} の吸収率は50％程度と云われており、萎縮性胃炎などによるIFの分泌低下障害があると極端に吸収率が低下する。

ビタミン B_{12} の必要摂取量は年齢により異なるが、高齢者ほどIFの分泌量が減少するので、摂取量を増やす必要がある。通常、一回の食事当たり $2\,\mu g$ 程度のビタミン B_{12} の吸収分しかIFが分泌されないので、それ以上のビタミン B_{12} は排泄される。つまり過剰摂取しても吸収されず、排泄される。したがって過剰摂取障害も起きない。また、平均 $2.5\,\mu g$/日のビタミン B_{12} が胆汁中に排泄され、その半分が腸－肝循環で再吸収され、残りは糞便として排泄される。

このメカニズムを見るとやはり、高齢者のIF分泌機能低下が問題となるようである。アルツハイマー症予防にはビタミン B_{12} の補給だけでなく、ビタミン B_{12} の吸収を良くするために、胃を健全に保つことが重要になる。

第3章　DHAの生成と代謝

3-1　DHAの生産者

SUMMARY

DHAの多い青魚も餌からDHAを摂取している。DHAの真の生産者は微細藻類と呼ばれる植物プランクトン達である。

イワシやサバなどの青魚にDHAやEPAが多いというが、青魚はDHAやEPAを合成しているのだろうか。否である。青魚も餌から摂取しているのである。では、青魚の餌であるカイアシ類などの動物プランクトンや微小底生生物（ベントス、benthos）はどうであろうか。これも否である。動物プランクトンの餌となる微細藻類（植物プランクトン）やラビリンチュラが真のDHAやEPAの生産者といえよう。

ではどのように合成しているのだろうか。ラビリンチュラの仲間であるオーランチオキトリウムは哺乳動物のような方法でDHAを作っていない。この微生物は脂肪酸合成の途中からポリケチド合成系[用語2]と呼ばれるルートに入ってDHAを合成している（**図3-1**）[5]。しかし、合成の詳細なメカニズムは明らかになっていない。このようにして作られたDHAは、食物連鎖を通してカイアシ類などの動物プランクトンからイワシなどの小魚へ、そしてサバなどの中型魚へ、さらにカツオ、マグロなどの大型魚へと移行する。しかし、食物連鎖で移行したDHAは各段階で消費されるので、環境汚染物質のように生物濃縮は進まず、濃縮されるDHAはそれほど多くはないのである。DHAを合成しているオーランチオキトリウムの脂肪酸組成をみると、DHAは細胞100g当

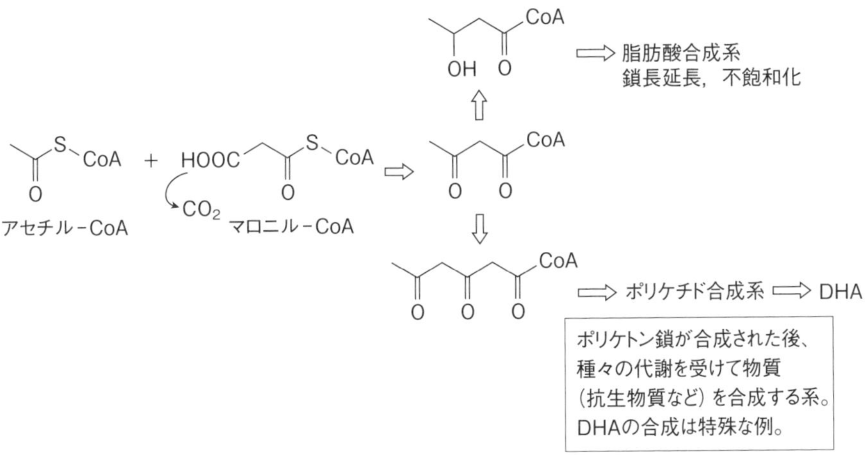

CoA
OH　O
⇨ 脂肪酸合成系
鎖長延長，不飽和化
S　CoA　＋　HOOC　S　CoA　⇨　CoA
O　O　O　O
CO_2
アセチル－CoA　マロニル－CoA
CoA
O　O　O　⇨ ポリケチド合成系 ⇨ DHA

ポリケトン鎖が合成された後、
種々の代謝を受けて物質
（抗生物質など）を合成する系。
DHAの合成は特殊な例。

図 3-1　オーランチオキトリウムにおける DHA 合成ルート

たり 6～15 g 含まれている。脂肪酸組成では 30～50 ％の DHA が含まれている。食物連鎖の最終段階のマグロやブリでは 100 g 当たり 2～3 g の DHA が含まれている。DHA の生物濃縮がわずかとはいえ、かなりの量の DHA がマグロやブリに含まれている。

3-2　ヒトでつくられる DHA と食生活

S U M M A R Y

ω3 系の α-リノレン酸から摂取した量の 10 ％程度が DHA に変換される。植物には DHA もビタミン B_{12} も含まれていないので、菜食主義者は、サプリメントやビタミン剤の服用が必要と云われている。

ドコサヘキサエン酸（DHA，C22:6）とエイコサペンタエン酸（EPA，C20:5）は、どちらも ω3 系列の不飽和脂肪酸であり（表 1-3 参照）、ヒトの場合、EPA，DHA は必須脂肪酸である。しかし、DHA 自体を摂取しなくても必須

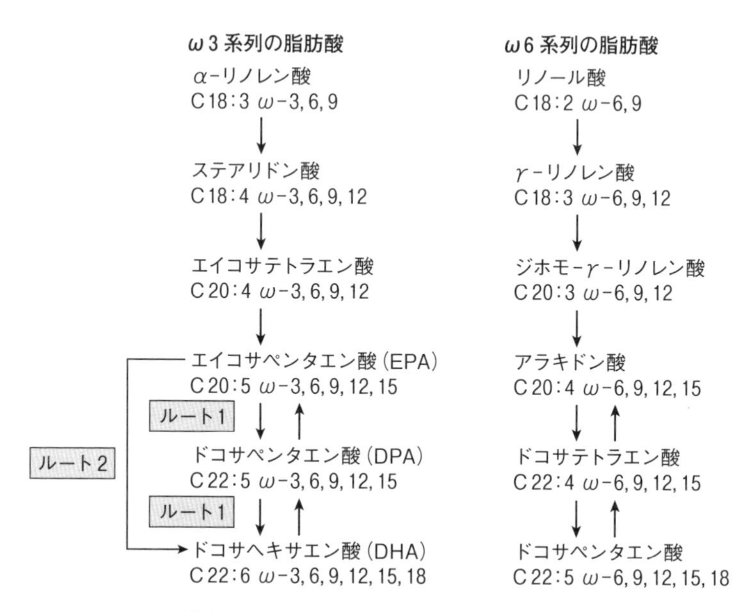

図3-2　ω3とω6脂肪酸の不飽和化経路

脂肪酸であるα-リノレン酸（ω3脂肪酸）を摂取すれば、体内でDHAやEPAが合成される（**図3-2左**）。例えば欧米人では、摂取したα-リノレン酸の10～15％程度がDHAとEPAに変換される。ただし、これでは不足するとされている。また、昔から魚を食してきた日本人は、体外からのDHAの摂取量が多いので、α-リノレン酸からのDHAへの変換率は欧米の人より低いと云われている。

ベジタリアン（菜食主義者）は魚を食べないので、DHA不足になるが、α-リノレン酸はシソ、アブラナ、ほうれん草、チンゲン菜、大豆などに含まれている。しかし、野菜だけで必要量（DHAとして1g以上／日）を摂取するのは無理があるので、食用油のアブラナの油（キャノーラオイル）や大豆油から十分にα-リノレン酸を摂取する方がよいとされている。

一般の情報として、DHAは海産の魚に多く含まれていると云われている。当然、魚の油の多い部分（腹身＝大トロの部分）にDHAが多いことになる。

DHA はマグロの赤身、中トロ、大トロの順に多くなる。最も多いのが眼球のまわりで、脂質の 50 % が DHA であることが知られている。魚の種類では、食物連鎖の上位にいる大型回遊魚のマグロ、ブリで、可食部 100 g あたり 2～3 g の DHA が含まれている。次に多いのが中型魚のサバやサンマで、1～2 g/100 g の DHA が含まれているが、大型魚と中型魚の中間にあたるカツオでは 0.3 g/100 g 程度である。これはカツオの脂分が少ないためである。一方、EPA は多い順にマイワシ、マグロ、サバ、となり、1～1.5 g/100 g 含まれている。EPA の場合、DHA のように食物連鎖による濃縮がみられないが、なぜだろうか。マイワシは EPA の多い餌を多く食べているのかもしれない。

一方、野菜類に DHA は含まれていないが、ω3 系の α-リノレン酸から摂取した量の 10 % 程度が DHA に変換される。菜食主義者の方々は DHA だけでなく、ビタミン B_{12} も不足するので、サプリメントやビタミン剤の服用が必要になる。

食生活の偏りから DHA、EPA が不足すると、がん、糖尿病、アルツハイマー症等の成人病（生活習慣病）の発症率が上昇するので、サプリメントで補給することも種々の疾病の予防の一つになる。

3-3　DHA とアラキドン酸の代謝と脂質メディエーター

SUMMARY

DHA は酸化酵素 15-LOX の作用によってプロテクチン D_1 を生成する。また、EPA は酸化酵素 5-LOX の作用によってレゾルビン E_1 を産生する。DHA から生成するプロテクチン D_1 は海馬領域の神経細胞の萎縮を防ぎ、アルツハイマー症の進行を抑制し、がんの転移を抑制する働きも知られている。

3-2 節で、ω3 脂肪酸の α-リノレン酸から DHA と EPA が合成されると述べた。一方で、ω6脂肪酸のγ-リノレン酸も、不飽和化と鎖長の延伸を伴ってアラキドン酸などの重要な脂肪酸を合成している（**図3-2右**）。

ω6脂肪酸であるアラキドン酸やω3脂肪酸であるDHAやEPAなどの高度不飽和脂肪酸は融点が低く、粘性が低いので、細胞膜などに取り込まれた場合、細胞膜の流動性が増加し、細胞膜に組み込まれたG-タンパク質、イオンチャネルや膜酵素などが活性化される。そこにはω6脂肪酸とω3脂肪酸の違いは見出せない。ω6脂肪酸とω3脂肪酸の機能の違いは、シクロオキシゲナーゼ（COX）やリポキシゲナーゼ（LOX）などの酸化酵素によって代謝されてでき

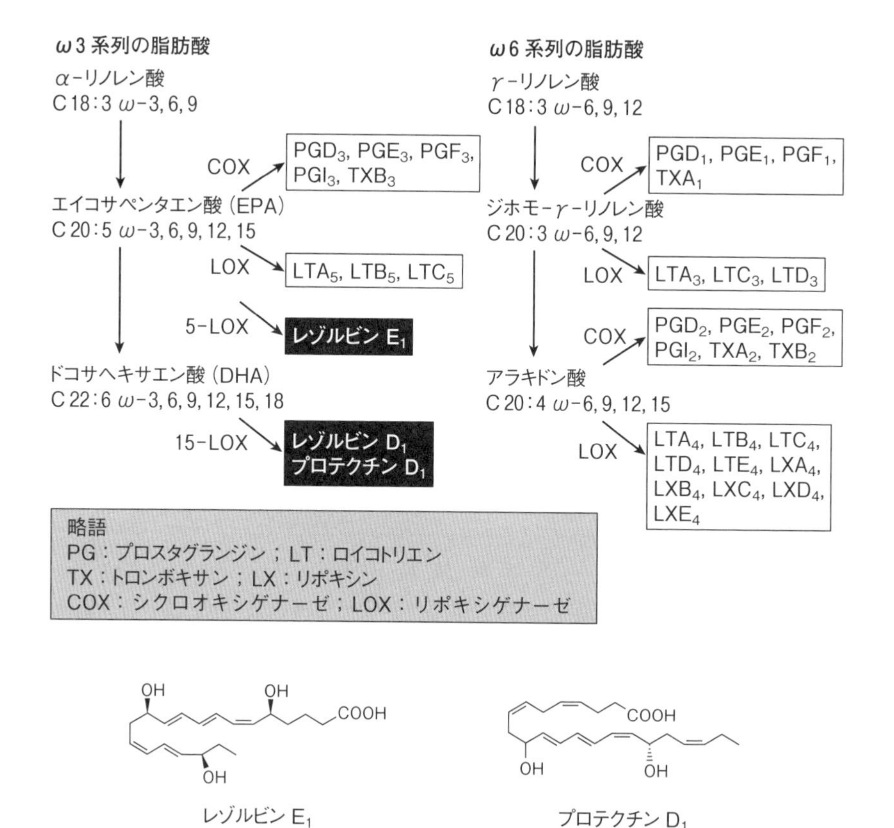

図3-3　ω3およびω6系列高度不飽和脂肪酸から生成する生理活性物質群

る生理活性物質（エイコサノイド†）の構造と機能の違いとして現れる（**図3-3**）。

ω6系のアラキドン酸（C20:4）は代謝されてプロスタグランジンやトロンボキサンなどの生理活性物質を生成する。この生成ルートをアラキドン酸カスケードという。同じω-6C20のジホモ-γ-リノレン酸（C20:3）も機能の異なるエイコサノイドを産生することが知られている。ω6脂肪酸系列では、ドコサテトラエン酸（C22:4 ω-6, 9, 12, 15）やドコサペンタエン酸（C22:5 ω-6, 9, 12, 15, 18）も生成する。これらの脂肪酸がCOXやLOXなどの酸化酵素によって生成するであろう代謝物については明らかではない。最近、ω3系のDHA（C22:6）やEPA（C20:5）もアラキドン酸と同様の代謝を受け、プロテクチンやレゾルビンという物質に変換されることが明らかにされた。DHAは酸化酵素15-LOXの作用によってレゾルビンD_1とプロテクチンD_1を生成する。また、EPAは酸化酵素5-LOXの作用によってレゾルビンE_1を産生する[6]。

プロテクチンやレゾルビンの生成の詳細なメカニズムはまだ十分に明らかになってはいないが、白血球やマクロファージ（貪食能の極めて強い白血球の一種）などにあるDHAやEPAから合成され、多様な機能を持つことが明らかにされている。例えば、プロテクチンD_1はアルツハイマー症の脳の海馬領域にできるアミロイドβ42[用語3]の生成を抑制する。アミロイドβ42は細胞のアポトーシス（細胞のプログラム死）[用語4]を誘導するため、この抑制は重要である。他にも、がん細胞の転移を抑制する作用や腫瘍の血管新生抑制作用もあることが報告されている。また、EPAとDHAから生成するレゾルビンのアナログであるE_1とD_1は、中枢神経系および末梢系に作用して炎症性疼痛を軽減する作用がある。これらの受容体は脊髄にあることが明らかにされ、chemR23と名づけられている。この受容体に作用し、ERK（Extracellular signal-Regulated Kinase）の発現や、*N*-メチル-D-アスパラギン酸（NMDA）受容体

† C20:4のアラキドン酸やC20:5のEPAから誘導される生理活性物質の総称。

を介したシグナル伝達を抑制することにより、疼痛の抑制作用を示すとされている[7]。

その一方で、ω6系のアラキドン酸カスケードでできるプロスタグランジンやトロンボキサンは、さきほどのω3系のエイコサノイドとはその作用が大きく異なり、炎症を惹起する作用がある。このため、ω6脂肪酸のエイコサノイ

表3-1 主なエイコサノイドとドコサノイドの作用

ω6系列脂肪酸	
ジホモ-γ-リノレン酸由来	
PGD_1	血小板凝集阻害
PGE_1	血管拡張，血小板凝集阻害，胃酸の分泌抑制，免疫機能正常化
アラキドン酸由来	
PGD_2	血小板凝集阻害，末梢血管拡張，睡眠誘発
PGE_2	血管拡張，胃酸の分泌抑制，気管支弛緩，子宮筋収縮，免疫応答抑制
PGF_2	腸管の収縮，気管支の収縮，子宮筋収縮
PGI_2	血小板凝集阻害，血管拡張，動脈壁弛緩，血圧低下，臓器の血流増加
TXA_2	血小板凝集促進，血管収縮，気管支収縮，血圧上昇
TXB_2	マクロファージ機能の抑制，網内系機能抑制
LTB_4	白血球の遊走（走化性）
LTC_4	気管支収縮，血管拡張，血管透過性亢進
LTD_4	気管支収縮，血管拡張，血管透過性亢進
LTE_4	気管支収縮，血管拡張，血管透過性亢進
LXA_4	抗炎症，かゆみの誘発，スーパーオキシドアニオンの発生
LXB_4	NK細胞の活性化阻害
ω3系列脂肪酸	
EPA（エイコサペンタエン酸）由来	
PGD_3	血小板凝集阻害
PGE_3	血小板凝集阻害
PGI_3	血小板凝集阻害，平滑筋弛緩，血管拡張
TXB_3	炎症性サイトカインの生成抑制
LTA_5	炎症の抑制
LTB_5	炎症の抑制
レゾルビン E_1	病巣の治癒亢進，炎症収束促進，好中球の浸潤抑制
DHA（ドコサヘキサエン酸）由来	
プロテクチン D_1	炎症収束促進，好中球の浸潤抑制，炎症細胞の浸潤抑制，神経細胞の保護，アミロイドβ42による神経細胞死の抑制，網膜色素上皮細胞のアポトーシス抑制

ドは起炎症性脂質メディエーター[†]と呼ばれ、反対に ω3 脂肪酸のエイコサノイドは炎症の治癒作用を示すことから抗炎症性脂質メディエーターと呼ばれる(第 5 章、第 8 章参照)。これらの機能の違いを**表 3-1** にまとめた。

† メディエーター：生物学・医学では、細胞間のシグナル伝達を行う物質を指す。

第4章　中鎖脂肪酸

4-1　中鎖脂肪酸と短鎖脂肪酸

SUMMARY

中鎖脂肪酸は長鎖脂肪酸より代謝が速く、蓄積性脂肪になりにくい。また、中鎖脂肪酸の摂取はアディポネクチンの分泌を促し、脂肪細胞を小さくする。炭素数2～6程度の短鎖脂肪酸の多くは腸内細菌によって作られ、ミネラルの吸収や大腸の機能維持に関与していると考えられている。

4-1-1　中鎖脂肪酸の代謝速度と糖尿病

普通の植物油に含まれる脂肪酸（長鎖脂肪酸）は、パルミチン酸（C16:0）、オレイン酸（C18:1）やリノール酸（C18:2）など、炭素鎖が16～20の長さのものがほとんどである。これらの脂肪酸は体内にゆっくり吸収された後、再構成されて蓄積される。そして、必要に応じて分解されエネルギーになる。一方、中鎖脂肪酸（炭素鎖が8～12程度の脂肪酸）は比較的速く吸収されて、運ばれた肝臓で分解されエネルギーとなるので、体に蓄積しにくいと云われている。中鎖脂肪酸は母乳や牛乳、パーム油に比較的多く含まれている。

Seniorらの研究[8]では、投与した中鎖脂肪酸の分解は3時間で最大となり、10時間でほとんどが分解されるのに対して、長鎖脂肪酸では10時間後でも約20％程度しか分解されなかったと述べている。中鎖脂肪酸は腸管で吸収された後、直接門脈を通って肝臓に入り、β酸化を受けるが、長鎖脂肪酸の場合はリンパ管や静脈を通って肝臓に入る。この違いが、中鎖脂肪酸が体内に蓄積しにくいことの理由になっている。

また、別の観点から中鎖脂肪酸に注目している研究もある。竹内ら（日清オイリオグループ（株）研究所）は、中鎖脂肪酸食の血中アディポネクチン濃度[用語5]および血糖上昇度に対する影響について、ラットを用いて調べている[9]。中鎖脂肪酸食を与えたラットと通常試験食を与えたラットを比較したところ、それぞれ摂取量に差はなかったが、体脂肪量は、通常食に比べて中鎖脂肪酸食で約25％低い値を示していた。また、糖負荷試験での0分の血糖値は、中鎖脂肪酸食で低い傾向にあり、また血糖値の上昇度も、通常食に比べて約35％低くなっていた（**図4-1**）。血中アディポネクチン濃度は、通常食に比べて中鎖脂肪酸食では約2倍高い値を示した（**図4-2**）。さらに、脂肪細胞の大きさは、通常食に比べて中鎖脂肪酸食では小さくなったと報告している。

脂肪細胞から分泌されるアディポネクチンは脂肪細胞が小さいほど分泌量が多いと云われている。この結果は、中鎖脂肪酸食を摂ることで脂肪細胞が小さくなり、アディポネクチン分泌が多くなったため、血中アディポネクチン量が増加したと竹内らは考えている。これがヒトにも適用できるなら、糖尿病予防の一助になると思われる。実際、食事の質を変えることで、アディポネクチン量を多くし、体重の変化との関係を明らかにした研究もある[10]。

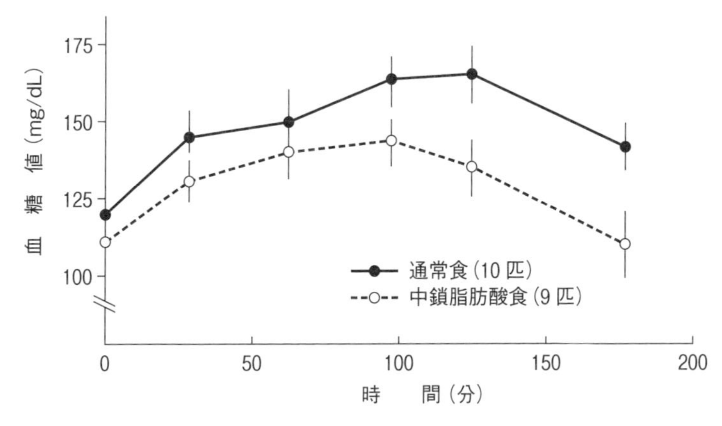

図4-1　糖液摂取による血糖値上昇度

〔文献［9］より一部改変（縦軸スケールを変更）〕

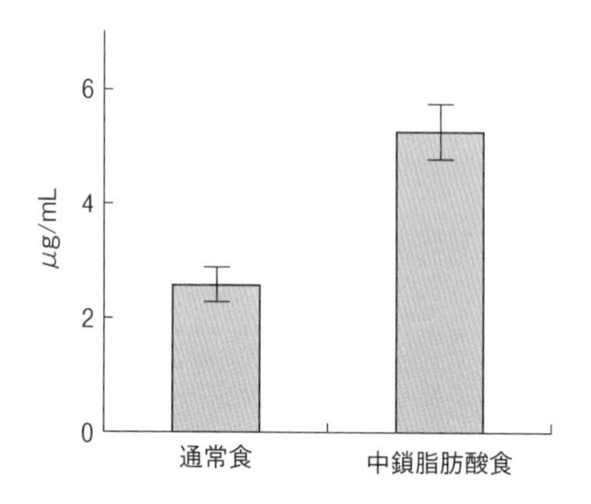

図4-2 血中アディポネクチン濃度
〔文献[9]より転載〕

4-1-2 短鎖脂肪酸

中鎖脂肪酸より炭素鎖の短い脂肪酸を、短鎖脂肪酸または揮発性脂肪酸という。短鎖脂肪酸(C2～6)は、腸内細菌叢という大腸内に常在する微生物によって作られる。産生された短鎖脂肪酸は、大腸で吸収され、肝臓や筋肉でβ酸化されてエネルギー源になる。代表的な短鎖脂肪酸である酪酸は、大腸粘膜に良く吸収され、そこでエネルギー源として利用されることから、大腸粘膜細胞の必須栄養素と考えられている。酪酸の欠乏は大腸の機能不全を引き起こす原因となる。したがって、酪酸はヒトの健康に必要な脂肪酸と云える。

短鎖脂肪酸は、エネルギー源としてだけでなく、健康を維持する多くの生理作用を示すと云われている。例えば、腸管での水やカルシウム、マグネシウム、鉄の吸収に短鎖脂肪酸が関与していることが明らかにされている。また、肝臓でのコレステロール合成の抑制や大腸がんの発症の抑制にも関与していると考えられている。さらに、酪酸は大腸の変異細胞にアポトーシスを誘導し、除去する作用を持つことが明らかにされている。しかし、これらの生理活性メカニズムはまだよく解っていない。

4-2　中鎖脂肪酸の性質と消化・吸収

SUMMARY

中鎖脂肪酸は長鎖脂肪酸と異なり、単分子分散しやすく、小腸で吸収されると直接血管に入って肝臓で代謝される。一方、長鎖脂肪酸はミセルとして吸収されて、細胞でトリグリセリドに再構成される。この再構成トリグリセリドはリンパ管経由で各組織に運ばれて貯蔵され、体内のグルコース（グリコーゲンを含む）が欠乏した時にグルコースの代わりに動員されて代謝される。

4-2-1　中鎖脂肪酸と長鎖脂肪酸

中鎖脂肪酸は長鎖脂肪酸に比べ消化吸収が速い。それは脂肪酸の炭素鎖の長さと関係がある。一般に、脂肪酸の炭素鎖が長くなるにしたがって水に対する溶解度が低下する。中鎖脂肪酸と云われるC8～C12は**表4-1**に示したように、わずかには溶ける。しかし、炭素鎖の長さがC13以上になると全く溶けなくなる。

脂質は口から消化器官に入ると、界面活性作用のある胆汁酸が分泌され、脂質が細かい粒に分散・乳化される。これは脂質が脂質分解酵素であるリパーゼの作用を受けやすくするために、表面積を大きくしているのである。リパーゼ

表4-1　中鎖脂肪酸の水に対する溶解度

脂肪酸の炭素数	水に対する溶解度（20 ℃）
C2-C4	自由な比率で溶ける
C5	2.4 g/100 mL
C6	1.1 g/100 mL
C7	
C8	0.68 g/100 mL
C9	
C10	0.15 g/100 mL
C11	
C12	熱湯に微溶

表4-2 脂肪酸の臨界ミセル濃度

脂肪酸		g または mg/dL	mmol/L
オクタン酸 Na, K	$C_7H_{15}COONa$ $C_7H_{15}COOK$	6.0 g 7.1 g	360 (20 ℃) 3900 (25 ℃)
デカン酸 Na	$C_9H_{19}COONa$	1.84-1.94 g	95-100 (20 ℃)
ラウリン酸 K	$C_{11}H_{23}COOK$	315 mg	12.5 (25 ℃)
ミリスチン酸 Na, K	$C_{13}H_{27}COONa$ $C_{13}H_{27}COOK$	175 mg 191 mg	7 (17 ℃) 7.2
ステアリン酸 K	$C_{17}H_{35}COOK$	16 mg	6.5 (60 ℃)
オレイン酸 K	$C_{17}H_{33}COOK$	48 mg	1.5 (25 ℃)

の作用によって、脂質は脂肪酸とグリセリンに加水分解される。脂肪酸のカルボキシ基はナトリウムやカリウムなどのアルカリ金属と塩をつくる。つまり、セッケンである。一般に知られているように、セッケンは水に対する溶解度が脂肪酸の場合よりは高くなっている。しかし、脂肪酸のセッケンはある濃度以上になると1分子ずつ分散できなくなり、ミセルという状態になることが知られている。ミセルは、脂肪酸の親水基を表面に出したボール状の形をしており、ボールの内部は脂肪酸の炭素鎖が密集している。ミセルになる最低濃度を臨界ミセル濃度（Critical Micelle Concentration；cmc）という。脂肪酸の臨界ミセル濃度を**表4-2**に示した。臨界ミセル濃度以下では脂肪酸は溶けている。

ミセルを形成している溶液では、単分子分散している脂肪酸とミセルを形成している分子とは平衡関係にあり、単分子分散している脂肪酸が少なくなると、ミセルから補給されることになる。中鎖脂肪酸の単分子分散している濃度は、長鎖脂肪酸の場合より100倍以上高い（オクタン酸（C8）とステアリン酸（C18）を比較した場合）ので、小腸の粘膜上皮の腸絨毛に単分子の状態で取り込まれる量も多くなることになる。取り込まれた脂肪酸は毛細血管に入り、血液成分の血清アルブミンなどのタンパク質と疎水結合やイオン結合して肝臓に運ばれる。

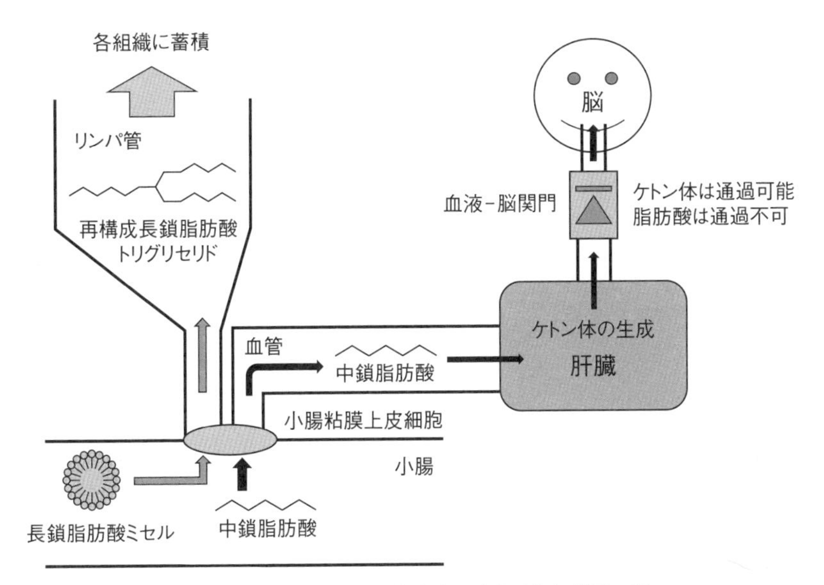

図 4-3　長鎖脂肪酸と中鎖脂肪酸の消化吸収と代謝の違い

一方、長鎖脂肪酸は単分子分散しておらず、ほとんどがミセル状態になっている。脂肪酸ミセルも腸絨毛に取り込まれるが、取り込まれたミセル状の脂肪酸は粘膜上皮細胞で再びグリセリンが結合してトリグリセリドに再構成される。再構成トリグリセリドは、リポタンパク質と結合してカイロミクロンという脂質量の多いリポタンパク質になり、リンパ管に入ることになる。つまり、中鎖脂肪酸は吸収された後、血液中に入るが、長鎖脂肪酸はトリグリセリドに再構成されて、リンパ液中に入るという違いがでてくる（**図 4-3**）。

4-2-2　代謝

血液中に入った中鎖脂肪酸は門脈を通り、肝臓で代謝されることになる。代謝はまず、β 酸化でアセチル-CoA を産生し、TCA サイクルでエネルギーである ATP の産生に必要な NADH を生成する。また、ケトン体（4-3 節で後述する）の原料にもなる。別のルートとして、アセチル-CoA からグルコースに変換され、さらにグリコーゲンとなって貯蔵される場合もある。中鎖脂肪酸は長鎖脂肪酸のように脂肪となって体内に貯蔵される率は小さいといえる。それは、長鎖脂肪酸と同じようにミセル状で吸収される部分が少ないからである。ミセル状で吸収された中鎖脂肪酸は長鎖脂肪酸と同じ運命をたどることになる。もし、一度に多量の中鎖脂肪酸を摂取すると、相対的にミセル状で吸収される部分も多くなり、脂肪として蓄積する量も多くなることになる。

一方、リンパ液中に入った長鎖脂肪酸由来のカイロミクロンは、リンパ管と血管が合流する鎖骨下静脈から大循環系に入り、全身の組織に運ばれ、貯蔵されることになる。飢餓状態などで血中グルコースが欠乏すると、貯蔵していたグリコーゲンをグルコースに変換して補充する。さらに、グリコーゲンが欠乏すると、貯蔵していた脂肪（トリグリセリド）が分解され、β酸化を受けて、アセチル-CoAになって、エネルギー産生に利用される。

4-3　中鎖脂肪酸とケトン体

SUMMARY

DHAを除く脂肪酸は血液－脳関門でブロックされ、脳に到達できないと云われている。脳にエネルギーを供給するために、中鎖脂肪酸からケトン体を合成することで、血液－脳関門を通り、脳神経細胞のエネルギーとして利用している。ケトン体の一つであるβ-ヒドロキシ酪酸はミトコンドリアの機能を保護する作用があることが知られている。また、ヒストンのアセチル化に関与し、遺伝子の発現に関係している。

4-3-1　ケトン体とアルツハイマー症

ケトン体とは、アセト酢酸やβ-ヒドロキシ酪酸、およびこれらから炭酸が外れたアセトンを指すが、アセトンは生理的機能を持たないので、通常はあまり触れられることはない。図1-12（p. 19）に主なケトン体を示した。

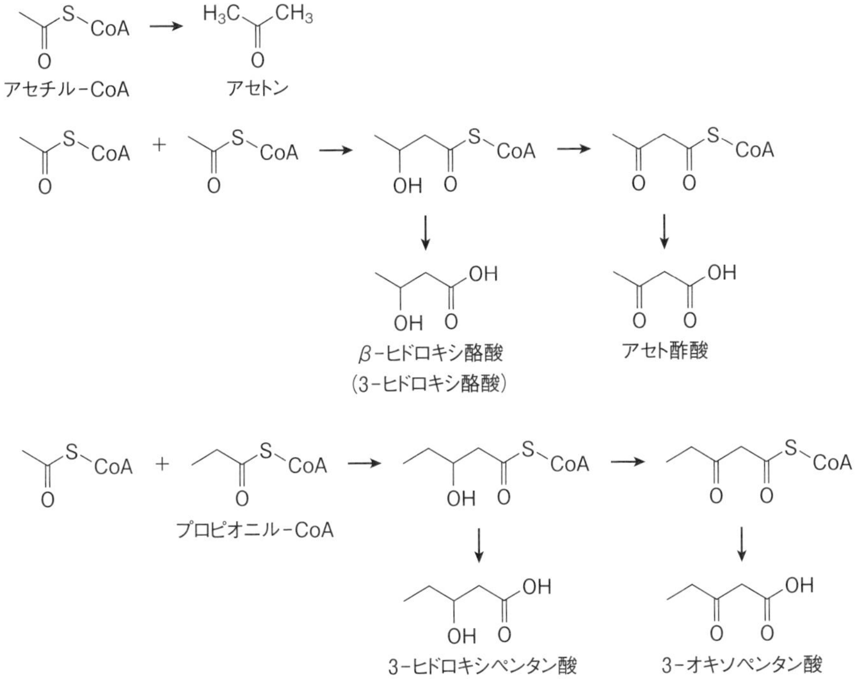

アセチル-CoA　アセトン

β-ヒドロキシ酪酸
(3-ヒドロキシ酪酸)
アセト酢酸

プロピオニル-CoA

3-ヒドロキシペンタン酸
3-オキソペンタン酸

図 4-4　ケトン体の生成

ケトン体は、脂肪酸が肝臓でβ酸化されることにより作られるアセチル-CoA から生成される。前節でみたように、中鎖脂肪酸は体内に蓄積されずにβ酸化を受けるため、ケトン体の原料となりやすい。例えば、β-ヒドロキシ酪酸はアセチル-CoA 2 分子が縮合してつくられる。また、3-ヒドロキシペンタン酸は、奇数脂肪酸の分解でできるプロピオニル-CoA とアセチル-CoA の縮合でつくられる (**図 4-4**)。

ケトン体の機能の一つに、脳の代替エネルギーという機能がある。脳は通常グルコースをエネルギー源として利用している。グルコースは解糖系でピルビン酸 (CH_3-(C=O)COOH) に変換されて、さらにアセチル-CoA になる。しかし、グルコースが欠乏する状態になると、脳以外の臓器では脂肪酸からアセチル-CoA を産生するが、脳には「血液－脳関門」という関所があり、DHA 以外の脂肪酸は通過できない仕組みになっている（図 4-3）。そこで、肝臓でアセチル-CoA を、血液－脳関門を通過可能な分子であるケトン体に変換して血液中に送り出している。脳に入ったケトン体は再びアセチル-CoA に戻され、TCA サイクルに組み込まれて ATP となり、脳のエネルギーとして利用される。

アルツハイマー症などの脳神経細胞でグルコースが利用できなくなる症状では、ケトン体が有効なエネルギーとなっている。また、ケトン体自体に神経細胞の機能を高める働きがあるとの説もある。

アルツハイマー症でなくても、高齢化に伴って脳神経細胞のグルコース利用効率が悪くなり、エネルギー不足に陥りやすくなる場合がある。そのような時にケトン体が有効に働くという実験結果がある[11]。軽度のアルツハイマー症や認知障害をもった被験者（20 人）を 2 つのグループに分け、1 つのグループの被験者に中鎖脂肪酸を投与する。もう一方のグループの被験者に中鎖脂肪酸を含まない疑似物（プラセボ）を摂取させる。この 2 グループの認知機能を、血液中の β-ヒドロキシ酪酸の濃度と認知機能の程度を比較することで評価した。中鎖脂肪酸投与グループでは、投与後 90 分に血中の β-ヒドロキシ酪酸の濃度が顕著に上昇した。この β-ヒドロキシ酪酸濃度が上昇している時点での認知機能を調べたところ、血中の β-ヒドロキシ酪酸の濃度が高いほど認知機能の改善が認められたとの結果が得られた。つまり、アルツハイマー症による認知障害は β-ヒドロキシ酪酸投与で記憶力が改善するという結論になっている。このことからも、認知障害は、脳神経細胞の解糖系の機能障害によりアセチル-CoA が欠乏することで起こるエネルギー不足が原因であるといえる。

ケトン体は、アルツハイマー症以外の神経性疾患であるてんかんやパーキンソン病、筋萎縮性側索硬化症の改善にも有効だとの研究がある。さらに、先天性の脳機能障害の一種とされる自閉症にも効果があるという臨床試験の報告もある。

4-3-2　ケトン体のミトコンドリア保護機能

ケトン体には、ミトコンドリア保護機能があると云われている。アルツハイマー症のモデルマウスを用いて、ケトン体の一種であるβ-ヒドロキシ酪酸のエステルを投与する実験が行われた[12]。投与後、マウス体内でエステルが外され、β-ヒドロキシ酪酸が生成する。β-ヒドロキシ酪酸の効果による学習機能の向上を確認した後、神経細胞の観察や生化学試験を対照群（β-ヒドロキシ酪酸を投与しないアルツハイマー症モデルマウス）と比較している。

β-ヒドロキシ酪酸投与群では、ミトコンドリアの代謝異常で誘導される神経細胞のアポトーシスが減少し、またアルツハイマー症でみられるアミロイドβ42の沈着量が減少していた。さらに、神経細胞のエネルギー不足で起きるミトコンドリアの代謝異常による活性酸素の産生増加も抑制されていた。つまり、アポトーシスやアミロイドβの沈着などのアルツハイマー症の諸症状は、神経細胞のエネルギー不足でミトコンドリアが機能異常を起こし、毒性の高い活性酸素が増大した結果、引き起こされたと云える。逆にエネルギーが十分にあれば、ミトコンドリアは正常に機能し、アポトーシスやアミロイドβの沈着などの異常は起きず、記憶力の減退も起きないということになる。ケトン体は脳神経細胞を正常に保つ物質の一つなのである。

4-3-3　ケトン体による細胞分裂の抑制

ケトン体はヒストンをアセチル化するという報告がある。米国の科学雑誌サイエンスに掲載されている論文[13]に次のような研究結果がでている。マウスを飢餓状態にし、ケトン体であるβ-ヒドロキシ酪酸を投与すると、血中のβ-ヒドロキシ酪酸の濃度が0.6～1.5 mM（ミリ・モル）に上昇し、腎臓などの臓器の細胞では、ヒストンのアセチル化が増加するというものである。

ヒストンは塩基性のタンパク質で、構成アミノ酸にはリシンやアルギニンといった塩基性のアミノ酸が多く含まれている。一方、DNAはリン酸基を持つ酸性の物質である。この両者はヒストンのプラス荷電とDNAのマイナス荷電

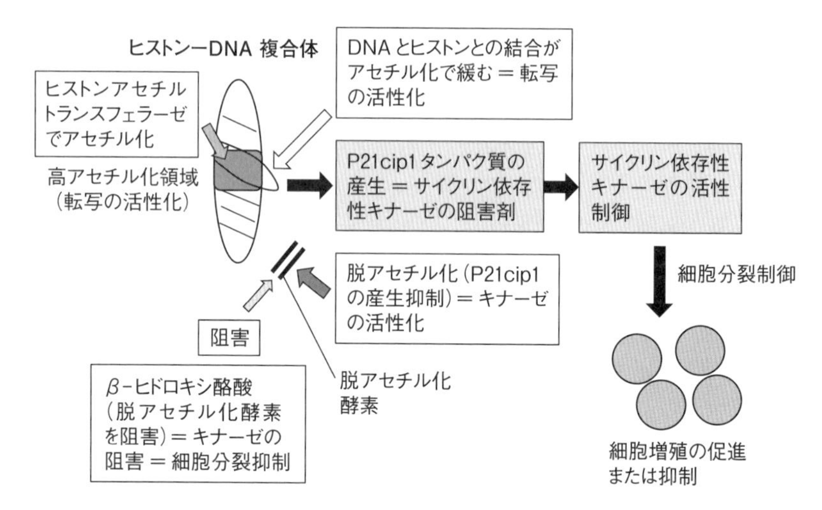

図 4-5 ヒストンのアセチル化に関する β-ヒドロキシ酪酸と細胞分裂制御

が静電的に結合することによって、ヒストン－DNA 複合体をつくっており、ヒストン－DNA 複合体は強固、かつコンパクトにまとまっている。この「ヒストン－DNA 複合体」の状態では DNA は不活性な状態にある。遺伝子が転写されるには、RNA ポリメラーゼなどの転写因子が DNA に結合しなければならない。

DNA 鎖がヒストンとの結合を解除するためには、ヒストンのアミノ基の荷電を消して、DNA 鎖をヒストンから離す必要がある。その手段が、ヒストンのN末端のリシンの α および ε-アミノ基や、ペプチド中のリシンの ε-アミノ基をアセチル化（$-NH_2 + CH_3COOH \rightarrow -NHCOCH_3$）して、プラス荷電を消すことである。これによってヒストンの塩基性が減少する。これが「ヒストンのアセチル化」である（**図 4-5**）。アセチル化によって「ヒストン－DNA 複合体」の結合が緩くなり、DNA 鎖が解（ほぐ）れる。一般に、ヒストンのアセチル化が進んだ領域では転写が活発になることが知られている。このように、ヒストンのアセチル化などによって遺伝子発現を調節する現象を「エピジェネティクス（epigenetics）」という。

例えば、アセチル化されやすい領域の一つとして、ヒトの6番染色体(6p21.2)に位置する*CDKN1A*遺伝子にコードされているP21cip1というタンパク質がある。P21cip1は、細胞分裂を促進する酵素であるサイクリン依存性キナーゼと複合体を形成し、この酵素の活性を阻害する(つまり、細胞分裂を抑制する)ことが知られている。ところで、この一連の流れを阻害する酵素に、ヒストン脱アセチル化酵素がある。ヒストン脱アセチル化酵素は、ヒストンのアセチル基を外し、ヒストンの塩基性を回復させる。その結果、ヒストンがDNAと強く結合することによってDNAの転写が抑制される。つまり、ヒストン脱アセチル化酵素によって、P21cip1の産生は抑制され、サイクリン依存性キナーゼの活性は回復し、細胞分裂は促進されることになる。

ここでさらに、ケトン体であるβ-ヒドロキシ酪酸が登場してくる。β-ヒドロキシ酪酸はヒストン脱アセチル化酵素の活性を阻害する。つまり、β-ヒドロキシ酪酸の摂取によって脱アセチル化酵素の活性が抑制され、ヒストンがアセチル化されて、サイクリン依存性キナーゼの阻害剤であるP21cip1タンパク質の産生が促進される。その結果、サイクリン依存性キナーゼの活性が抑制されることにより、細胞分裂が抑制される。要するに、ケトン体によって細胞分裂(細胞増殖)が遅くなるというメカニズムである。

ヒストンのアセチル化によって発現する遺伝子には、神経細胞のアポトーシスの抑制や学習機能を高めるものも含まれていると云われている。また、非ヒストンタンパク質もアセチル化され、中には神経保護作用や神経細胞の機能を向上させる遺伝子もあるとの研究もある。

4-4 ケトン体と記憶

SUMMARY

ケトン体であるβ-ヒドロキシ酪酸は遺伝子の発現を促す。特に、学習や記憶に関連する遺伝子に関係し、β-ヒドロキシ酪酸の血中濃度が高いほど、学習や記憶の能力が高くなると云われている。若年者に比べ、中高年の学習・記憶に関連する遺伝子は不活性になっていることが多く、β-ヒドロキシ酪酸の投与で学習・記憶の能力が回復することが確かめられている。

4-4-1 ヒストンのアセチル化と長期記憶

記憶のメカニズムには神経細胞のヒストンのアセチル化が関与していることが解明され始めている[14]。ヒストンのアセチル化は中枢神経系の遺伝子の発現を調節していることが知られている。いわゆるエピジェネティクスと呼ばれているメカニズムである（p. 50 参照）。遺伝子の転写は長期持続性記憶（long-lasting forms of memory）に有効に働いている。

逆に、ヒストンの脱アセチル化は遺伝子の転写を制御し、長期持続性記憶を妨げるように働くことも明らかにされている。前節でも述べたように、ヒストンのアセチル化はヒストン脱アセチル化酵素の阻害剤（ケトン体）を用いることによって制御が可能になり、認知力を回復させる治療法として注目されている。また、このヒストンのアセチル化は普遍的な機能なので、ヒストン脱アセチル化酵素の阻害剤は神経障害の治療だけでなく、健常な人の認知能力の向上や記憶力の向上にも効果があることが期待されている。

4-4-2 ヒストンのアセチル化と学習関連遺伝子の発現

ヒストン脱アセチル化酵素は遺伝子の転写制御の主要な役割を担っており、現在11種類が知られている。そのうち記憶や学習に関連しているのは

HDAC2（ヒストン脱アセチル化酵素2）であると報告されている[15]。

アルツハイマー症患者やアルツハイマー症のモデルマウスの脳の海馬領域の神経細胞では、上記HDAC2の発現が増加していることが知られている。モデルマウスを用いた実験では、HDAC2の阻害剤を用いて、HDAC2の発現量を正常値に近づけると、重度の神経細胞変性を患っていても認知能が回復したとの報告がある。しかし、話はそれほど単純ではなく、脳自体に神経細胞の保護機能としてHDAC1やその他の種々の酵素の働きがあり、ヒストンのアセチル化を促進することだけで、全てが解決する訳ではない。一つの治療法としてみた場合、先ほどの例のように、アルツハイマー症の場合はHDAC2を阻害することで、認知能や長期持続性記憶の回復が見られるとのことである。

また、高齢に伴う記憶力の低下の防止や改善にもHDAC2の阻害剤が有効であることをマウスの実験で明らかにしている[16]。この実験は16ヶ月齢の中年マウス（ヒトの年齢に換算すると40歳代に相当）と若年マウス（3～8ヶ月齢）の海馬が司る短期記憶力を比較すると、中年マウスの短期記憶力が極端に低下していたと報告している。さらに、若年マウスは学習訓練後1時間で、海馬の神経細胞のヒストンH4の12番目のリシン（H4K12）のアセチル化が顕著に進行することを明らかにしている。これに対して、中年マウスではアセチル化がほとんど起きておらず、若年マウスでは学習訓練の前後で2229の遺伝子において発現量に差があったのに対して、中年マウスではわずか6遺伝子にしか差が認められなかったと述べている。若年マウスで発現量に差があった遺伝子のうち、1539の遺伝子が記憶や学習に関連する遺伝子だという。この実験結果は中高年の人々にとってはショッキングである。しかし、希望もある。中年マウスの海馬にヒストン脱アセチル化酵素の阻害剤を投与すると、学習訓練後における学習記憶力が前後で有意に向上し、ヒストンH4K12のアセチル化が促進され、学習訓練前後での学習・記憶関連遺伝子の発現量に差がでる遺伝子数が多くなったのである。つまり、ヒストン脱アセチル化酵素阻害剤を使えば、記憶力が減退した中高年の記憶力を回復させることができるというのである。

この種の論文を検索すると、若年者と老齢者の脳の機能を比較した論文がたくさん出てくる。

その中の一つを紹介する[17]。若年者（20名、平均年齢26歳）と老齢者（24名、平均年齢74歳）で、脳のエネルギーとなるグルコースとアセト酢酸（ケトン体）の取り込みを比較している。結果は想像できるように、老齢者の脳のエネルギー取り込み力が極端に低下しているというものである。

4-4-3 認知障害とケトン食

ケトン体の一種であるβ-ヒドロキシ酪酸は、ヒストン脱アセチル化酵素の阻害剤であるが、まだ、β-ヒドロキシ酪酸によって、ヒストンH4K12のリシンがアセチル化されているかどうかの直接的確認は行われていない。ただし、中鎖脂肪酸投与による実験結果から見て、ある程度のアセチル化が起きているものと思われる。前項で紹介したマウスを用いた動物実験を補強するために、認知障害の患者を被験者にした研究もある[18]。この研究では、軽度の認知障害のある23人の被験者（平均年齢：70.1 ± 6.2歳、男性10人、女性13人）を男女それぞれ無差別の2つのグループに分け、各グループに6週間にわたり、高糖質食または低糖質食（ケトン食†）の食事療法を実施した。食事療法後、言語記憶力を調べたところ、低糖質食のグループでは食事療法前後で有意に認知能力が改善していた。また、体重、胸囲、血糖値、血中インスリン値も有意に減少していた。記憶力の変化と、摂取カロリーやインスリン値、体重などとの間に相関は認められなかったが、血中ケトン量と記憶力との間には正の相関があることから、体内のケトン体の濃度が高いほど記憶が良くなったと報告している。

どうやら、中高年になったら、炭水化物を減らし、中鎖脂肪酸の比較的多い食事をすることがアルツハイマー症の予防に良いのかもしれない。

---

† 炭水化物を制限し、脂肪を多く摂る食事はケトン食と呼ばれる。ケトン食では、中鎖脂肪酸からつくられるケトン体がエネルギー産生の主役になると云われている。

第5章 アラキドン酸

5-1 アラキドン酸の生合成

SUMMARY

植物や微生物では、ヒトの必須脂肪酸であるω6系のリノール酸やリノレン酸からアラキドン酸が合成される。ヒトにはω-6の位置を不飽和化する酵素(Δ12-desaturase)がないので、リノール酸やリノレン酸を食物から取り入れる必要がある。

5-1-1 アラキドン酸

アラキドン酸(arachidonic acid)は炭素数20の脂肪酸で、分子内に4つの二重結合を持つω6脂肪酸である。細胞内では細胞膜を構成しているリン脂質、特にホスファチジルエタノールアミン(phosphatidyl ethanolamine)とホスファチジルイノシトール(phosphatidyl inositol)のグリセリン部分の2位に結合している。細胞膜に存在しているホスホリパーゼA_2で遊離のアラキドン酸になり、代謝される。炭素数20の代謝物質はエイコサノイド(eicosanoid)と呼ばれている。

5-1-2 不飽和化酵素と必須脂肪酸

植物や微生物には、ω-6に二重結合を導入する酵素(Δ12-desaturase)と、ω-12に二重結合を導入する酵素(Δ6-desaturase)が存在する。これらにより、オレイン酸(C18:1 ω-9)からリノール酸(C18:2 ω-6, 9)、さらにγ-リノレン酸(C18:3 ω-6, 9, 12)を合成している。アラキドン酸は、リノール酸とγ-リノ

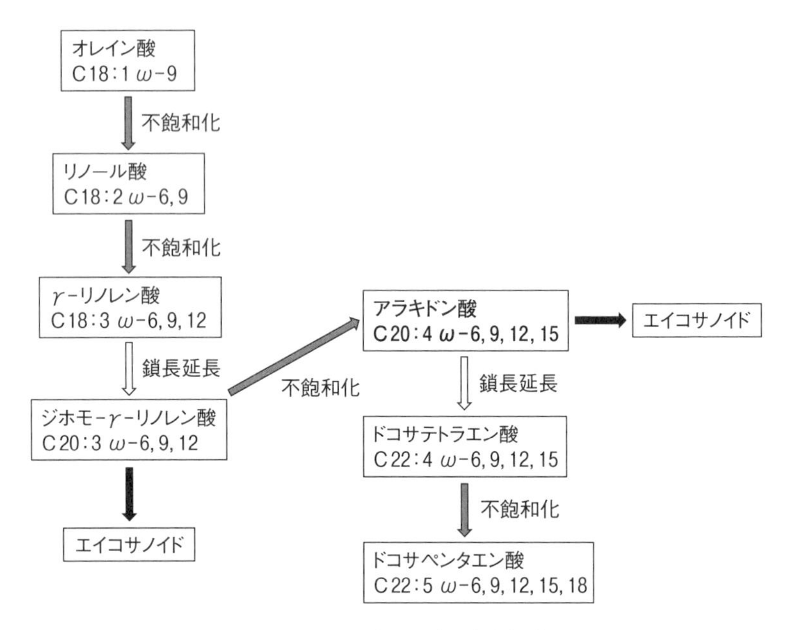

図 5-1　アラキドン酸の合成経路

レン酸の鎖長延長と不飽和化によって合成される（**図 5-1**）。

また、植物や微生物には ω3 に二重結合を導入する酵素（Δ15-desaturase）もあり、この ω3（Δ15）不飽和化酵素と ω6（Δ12）不飽和化酵素により、オレイン酸（C18:1 ω-9）から α-リノレン酸（C18:3 ω-3, 6, 9）を合成できる。α-リノレン酸は DHA や EPA の合成の出発物質となっている（第 3 章参照）。

一方、ヒトを含む動物は、ステアリン酸（C18:0）から不飽和化酵素（Δ9-desaturase）でオレイン酸（C18:1 ω-9）を合成することができる。しかし、ヒトには ω12（Δ6）を不飽和化する酵素はあるものの、ω3（Δ15）、ω6（Δ12）不飽和化酵素がないため、リノール酸や γ-リノレン酸、α-リノレン酸を合成することができない。したがって、これらの脂肪酸、そしてアラキドン酸や DHA、EPA は必須脂肪酸として体外から取り入れなければならない。

体外から取り入れたリノール酸は Δ6 不飽和化酵素によって γ-リノレン酸に変換される。γ-リノレン酸はアセチル-CoA による鎖長延長で炭素が 2 個増やされ、ジホモ-γ-リノレン酸(C20:3)が生成する。ジホモ-γ-リノレン酸は、Δ5不飽和化酵素により、Δ5に二重結合が導入されてアラキドン酸(C20:4)が生成する。アラキドン酸はさらに鎖長延長と不飽和化を受けてドコサテトラエン酸(C22:4 ω-6, 9, 12, 15)やドコサペンタエン酸(C22:5 ω-6, 9, 12, 15, 18)が生成される。

ジホモ-γ-リノレン酸とアラキドン酸は代謝されて生理活性物質(エイコサノイド)を生成するが、アラキドン酸以降のω6高度不飽和脂肪酸の生理活性や代謝産物は知られていない。

5-2 アラキドン酸カスケード

SUMMARY

アラキドン酸は、シクロオキシゲナーゼ(COX)とリポキシゲナーゼ(LOX)によってプロスタグランジンやロイコトリエンなどの脂質メディエーターを産生する。これらの脂質メディエーターはエイコサノイドと呼ばれ、疾病との関係が研究されている。

5-2-1 アラキドン酸カスケード

アラキドン酸を含む炭素鎖20の脂肪酸、特にアラキドン酸とジホモ-γ-リノレン酸から生成する生理活性物質の生成反応は、滝から水が流れ落ちるように生成することからアラキドン酸カスケード(arachidonic acid cascade)と呼ばれている。**図5-2**にアラキドン酸カスケードの概略を示す。アラキドン酸カスケードはシクロオキシゲナーゼ(cyclooxygenase, COX)とリポキシゲナーゼ(lipoxygenase, LOX)の2つの酸化酵素で代謝の流れが2本の支流に分かれている。COXで生成する代謝物はプロスタグランジン(prostaglandin)とトロンボキサン(thromboxane)と呼ばれている。また、LOXで生成する代謝

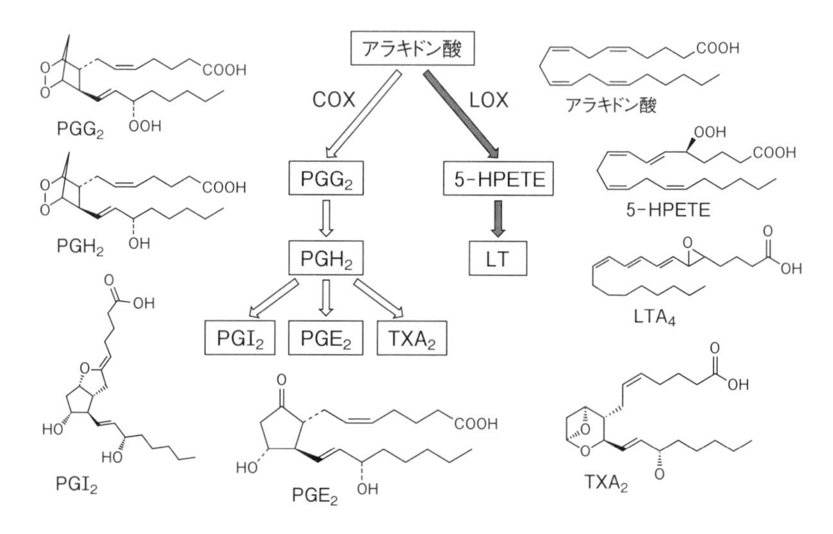

図 5-2 アラキドン酸カスケードの概略

物はロイコトリエン (leukotriene) と呼ばれている。

アラキドン酸のCOXによる代謝物質はPGG_2, TXA_2のように“2”を付ける。LOXルートでできるロイコトリエンはLTA_4、リポキシンはLXA_4のように“4”を付ける。また、ジホモ-γ-リノレン酸のCOXでできるエイコサノイドはPGD_1, TXA_1のように“1”が付く。さらに、LOXによって変換されたエイコサノイドはLTA_3, LTC_3のように“3”を付けて区別している (**図 5-3**)。

(1) シクロオキシゲナーゼ (COX) ルート

COXはアラキドン酸に酸素を付加してPGG_2に変換する。COXはPGG_2をPGH_2に変換する活性も併せ持っている。PGH_2は、動脈血管壁や肺臓にあるPGI_2合成酵素によってPGI_2に変換されその場で活性を発現する。PGH_2はトロンボキサン (TX) の基質であり、血小板や肺臓にあるTXA_2合成酵素でTXA_2に変換される。TXA_2は粘膜や気管支などで炎症などのアレルギー反応を引き起こす。炎症を抑える消炎剤はCOX阻害剤としての機能を利用したものである。例えば、インドメタシンはCOXの活性を阻害する。副腎皮質ホル

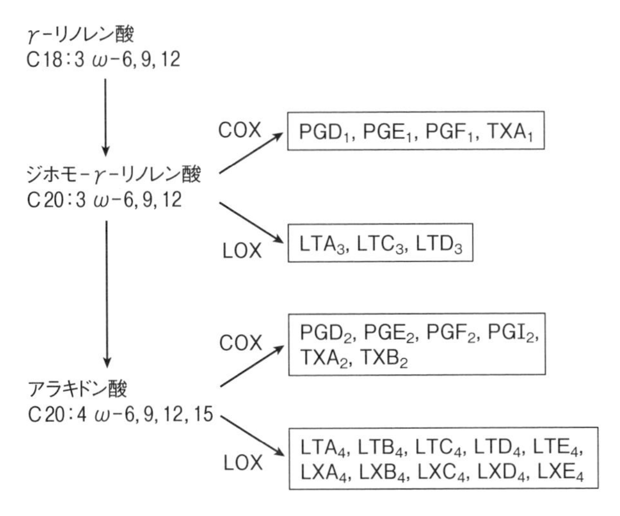

図 5-3　エイコサノイドの種類と番号

モンであるステロイド剤はCOX酵素自身の合成を阻害する（5-4-2項参照）。

(2) リポキシゲナーゼ（LOX）ルート

5-リポキシゲナーゼによって5-HPETE（5-hydro-peroxyeicosatetraenoic acid）に変換されて誘導されるロイコトリエン（LT）は、マスト細胞（肥満細胞）や白血球で合成され、炎症反応に関与している。

5-2-2　エイコサノイドの特異性と作用

各種のエイコサノイドはそれぞれ臓器・細胞ごとに特異性がある。怪我をして出血すると、血小板でTXA_2が合成されて、血小板の凝集が促進される。出血が止まると、PGI_2が合成されて血小板の凝集が抑制されるというように機能している。エイコサノイドの機能には亢進させるものと抑制させるものがあり、生体における恒常性維持を担っている。例えばTXA_2は血小板凝集を促進し、止血作用を示すが、同じ基質から反対の作用を持つPGI_2が合成することにより、反応を制御している。また、エイコサノイドは素早く不活性型に

表5-1 エイコサノイド

PGE_2	生成場所	精嚢，腎髄質，肺臓，胃，肝臓
	主な作用	1) 血管透過性の亢進*1 2) 痛覚過敏作用（痛みの増強） 3) 発熱作用*2 4) 抗炎症作用
PGI_2	生成場所	血管内皮細胞，肺臓，胃，腎臓
	主な作用	1) 血小板凝集抑制（血管拡張作用（TXA_2）とは逆の作用） 2) 気管支拡張作用 3) 胃粘膜保護（粘液分泌促進） 4) 痛覚過敏作用（痛みの増強） 5) リソソーム酵素の遊離抑制による抗炎症作用 6) コレステロール分解酵素の活性促進作用
PGE_1	生成場所	動脈，胃，マスト細胞（肥満細胞）
	主な作用	1) 血小板凝集抑制 2) 胃酸分泌抑制 3) 血流量増加 4) 抗体産生亢進 5) 好中球の遊走抑制によるリソソーム酵素の放出減少により，組織障害の防止
$PGF_{2\alpha}$	生成場所	マクロファージ，白血球
	主な作用	1) 子宮収縮（子宮筋層では PGI_2 や TXA_2 を産生，子宮内膜で PGE_2 と PGF_2 を産生） 2) 消化管粘液分泌促進 3) 気管支収縮
PGD_2	生成場所	肺実質，マスト細胞（肥満細胞）
	主な作用	1) 血管透過性の亢進*1 2) 血小板凝集抑制 3) 自然睡眠誘発 4) 鼻汁の分泌促進
PGG_2 PGH_2	生成場所	血管
	主な作用	1) 血小板凝集（止血作用） 2) 気管支収縮
TXA_2	生成場所	血小板，マクロファージ，肺臓，肝臓
	主な作用	1) 血小板凝集（止血作用）
LT	生成場所	マスト細胞（肥満細胞），好酸球，好中球，マクロファージ
	主な作用	1) 気管支，血管，消化管の持続的収縮 2) 血管透過性を亢進*1

*1：炎症を起こした時点で放出され、局所の血流を増加させ血管透過性を亢進させることで、浮腫を形成し炎症細胞の浸潤を促進させる。
*2：血管拡張作用により、炎症時に血管の拡張が起こり、皮膚に発赤を起こす。

変換される。TXA_2 の場合、血中の半減期は40秒程度とされ、TXB_2 に変換される。

PGE_2 の抗炎症作用のように、直接作用するのではなく、T細胞から放出されるインターロイキン-2（IL-2）などのメディエーターの産生を抑制することで、間接的に抗炎症作用を示す場合もある。また、産生する臓器によって異なる作用を示す。腎臓で PGE_2 が産生すると、利尿作用を促進する。一方、膵臓で産生すると、インシュリン分泌を抑制する。**表5-1** にそれぞれのエイコサノイドの特徴をまとめた。

5-2-3　システイニルロイコトリエン

LT_4 群は、アラキドン酸からリポキシゲナーゼ（LOX）経由で合成される。LT_4 のうち LTC_4, LTD_4, LTE_4 は、システイン縮合体である。かつては、これらの縮合体はSlow-Reacting Substance of Anaphylaxis：SRS-Aと呼ばれていたが、最近はシステイニルロイコトリエン（CysLT）と化合物名で呼ばれている。LTC_4 は6位にグルタチオン（GSH）のシステイン残基が結合している（**図5-4**）。

LTC_4 の合成は、炎症細胞が刺激を受けて細胞内にカルシウムイオンが流入することから反応が始まる。カルシウムイオンによって、細胞膜の内側にあるホスホリパーゼ A_2 が活性化され、リン脂質の2位からアラキドン酸が加水分解で切り出され、5-リポキシゲナーゼ（5-LOX）の作用で生成する（**図5-5**）[19]。ここまでは細胞内での反応で、合成されたグルタチオン-LTC_4 縮合体（GS-LTC_4）は能動輸送で細胞外に送り出され、細胞外にある γ-グルタミルトランスペプチダーゼでグルタミン酸が切り離され LTD_4 になり、次いで、グリシンが切断されて LTE_4 になる。LTF_4 は LTC_4 のグルタチオン部分からからグリシンが外れたものである。LTE_4 はヒスタミンより1000倍強く気管支を収縮する活性を持つとされている。

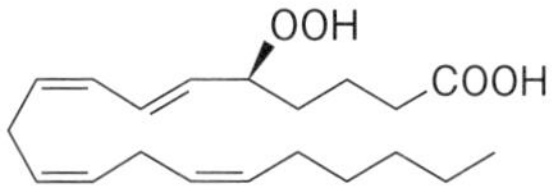

HPETE

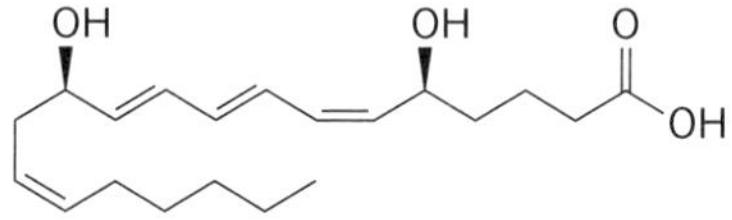

LTB_4

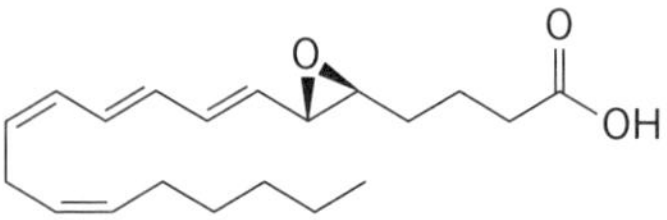

LTA_4

Cys LT

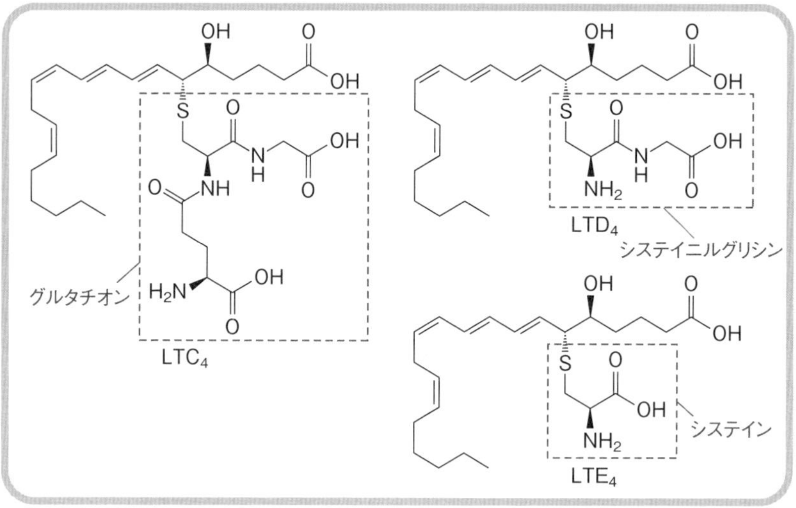

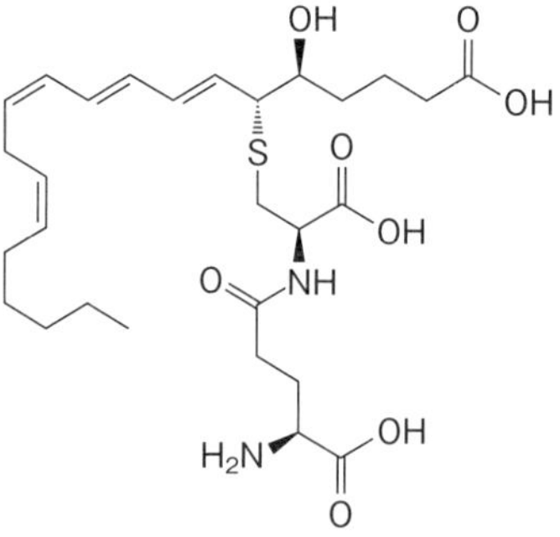

LTC_4

グルタチオン

LTD_4

システイニルグリシン

LTE_4

システイン

LTF_4

図 5-4 ロイコトリエン (LT) の種類と構造

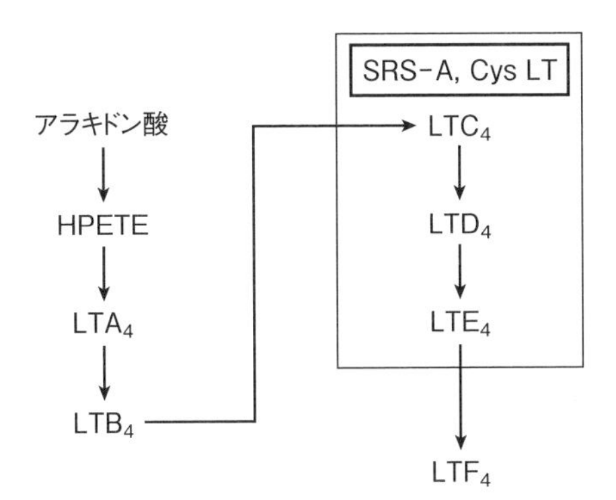

図 5-5　LTC_4 の生合成経路
〔文献［19］より改変〕

5-2-4　ブラジキニン

PGE_2 は痛みを増強する作用がある（5-2-2 項参照）。内因性の痛みの原因物質にはいくつかの種類がある。イオン性のカリウム、ヒスタミンなどのアミン、そしてペプチド性のブラジキニン（bradykinin）[用語 6] などである。ブラジキニンはアミノ酸 9 個（Arg-Pro-Pro-Gly-Phe-Ser-Pro-Phe-Arg）の分子量 1000 程度のペプチドである。炎症や血液凝固の刺激を受けた血管内皮細胞で産生したカリクレイン [用語 7] が、血漿中の高分子物質のキニノゲンを分解してブラジキニンを生成し、放出される。ブラジキニンはホスホリパーゼ A_2 を活性化させ、アラキドン酸カスケードを動かし、PGE_2 を産生し、ブラジキニンによる痛みを増強する。ブラジキニンには疼痛作用のほか、血管透過性の亢進、動脈拡張（結果として血圧降下）、腸管や気管支の平滑筋収縮などの作用がある。ラットの疾病モデルの一つであるカラゲニン胸膜炎[†]では、PGE_2 やブラジキニンにより血管透過性が亢進する。PGE_2 の血管透過性は強くないが、ブラジキニンの血管透過性を増強させると云われている。

---

†　カラゲニン胸膜炎：カラギナンをげっ歯類の皮下に注射すると炎症性浮腫が発生する。げっ歯類に顕著な症状である。

5-3　エイコサノイドの受容体

SUMMARY

プロスタグランジンやロイコトリエンには、それぞれの分子に特異的に結合する受容体がある。プロスタグランジンが受容体に結合するとシグナルがG-タンパク質に伝えられ、サイクリックAMPを産生し、カルシウムイオンを細胞外から取り込み、機能発現につながる。

プロスタグランジン (PG) やロイコトリエン (LT) が細胞に作用するには、細胞に働きかけなければならない。細胞表面にはPGやLTの情報を受け取る受容体が分布している。PGやLTの種類ごとに受容体が決まっている。ちょうど、鍵と鍵穴のような関係になる。PGの分子が標的とする細胞とその細胞の表面にある受容体を特定し、さらに、その受容体がどのような作用をしているのかを調べる研究が続けられてきた。これまでに同定された8種類のPGの受容体のうち、PGD_2, $PGF_{2\alpha}$, PGI_2, TXA_2 に対応するものは、それぞれ、DP, FP, IP, およびTPと名づけられている (**表5-2**)。

表5-2　プロスタグランジン (PG) の受容体と作用

作用のタイプ	受容体 (レセプター)	リガンド (プロスタグランジン)
cAMPの産生を亢進	IP	PGI_2
	DP	PGD_2
	EP_2	PGE_2
	EP_4	PGE_2
Ca^{2+} の細胞内取り込みを亢進	FP	$PGF_{2\alpha}$
	EP_1	PGE_2
	TP	TXA_2
cAMPの産生を抑制	EP_3	PGE_2

5-3-1　PGの受容体

PGE_2 の受容体は4種類あり、EP_1, EP_2, EP_3 および EP_4 と呼ばれている[20]。

これらの受容体の作用はサイクリックAMP(cAMP)の産生を亢進するタイプ、カルシウムイオン（Ca^{2+}）の細胞内取り込みを促進するタイプ、cAMPの産生を抑制するタイプの3種類に分類されている。PGE_2の場合、受容体に結合する分子（リガンド）が同じでも、受容体の種類によって、cAMPの亢進と抑制というように働く。このメカニズムは、ちょうど恒温装置がクーラーとヒーターのスイッチのON/OFFをこまめに作動させて、温度の変動を抑えている機能に似ている。つまり、エイコサノイドは体の局所の恒常性維持機能を担っていると見ることもできる。

PGの受容体自体がcAMPをつくったり、Ca^{2+}を細胞内に取り込んだりしている訳ではない。細胞表面の受容体にリガンドが結合すると、その情報（シグナル）は細胞膜にあるG-タンパク質[†]に伝えられる。このG-タンパク質と受容体が一体となったユニットはG-タンパク質共役受容体（**図5-6**）と呼ばれ、細胞外からの刺激を細胞内へ伝えるユニットとして働いている。このユニットは受容体からの情報によって、どのような働きを細胞内に指示するかを決めているのである。また、最近の知見では、G-タンパク質を介さないシグナル伝達機構もあることが明らかになってきている。

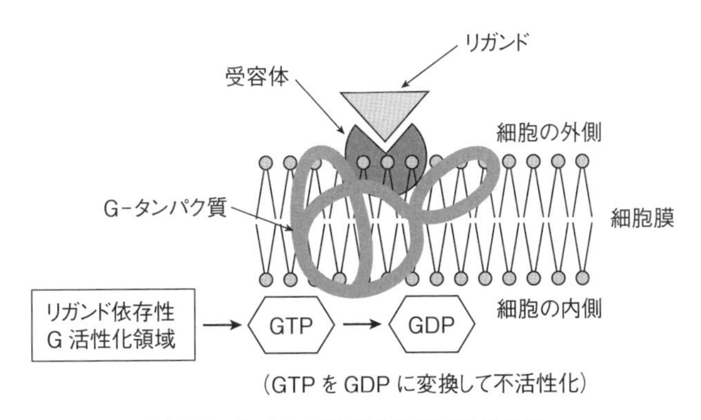

図5-6　G-タンパク質共役受容体の構造

---

†　G-タンパク質：GTPが結合することで機能を発揮する膜に結合しているタンパク質。自らのGTPaseによって、結合しているGTPをGDPに変換して不活性になる。

次の (1)、(2) ではPG受容体の研究例を紹介する。

(1) PGE_2-EP_3 受容体

杉本らは、cAMP産生抑制に働くEP_3に着目し、PGE_2-EP_3受容体による発熱の分子機構を解明している[20]。その研究では、体温中枢が存在する視索前野のEP_3受容体発現ニューロン（神経細胞）を取り出し、PGE_2投与によって、遺伝子発現にどのような変化が起きるかを調べている。

それによると、PGE_2の投与によって、GABA (γ-アミノ酪酸) A受容体[用語8]の発現レベルが低下したという結果が出ている。GABA A受容体はチャネル型の受容体である。GABAは脳内の重要な神経伝達物質で、抑制的に働くことが知られている。また、体温調節に関与していることも明らかにされていることから、PGE_2による発熱が、GABAシグナルによる体温調節系に絡んでいる可能性があるとしている。この知見を確かなものにするために、マウスの脳内にPGE_2を投与したところ、PGE_2-EP_3受容体によるGABA A受容体遺伝子の発現低下が視索前野で観察され、投与後30分でGABA A受容体の発現が低下した。しかし、PGE_2のEP_3受容体欠損マウスではそのような現象は起こらなかったと述べている。つまり、GABAには体温を下げる（抑制する）働きがあり、PGE_2はGABA A受容体を少なくすることで、GABAの産生量を低下させ、発熱しているのである。GABA産生量の低下と相関して体重は増加し、脂肪が蓄積することも明らかにされている。

(2) PG受容体と受精

生命の神秘の一つとして受精があるが、この受精にもPGE_2が関与している。受精のプロセスの概略を述べると、排卵された卵子の周囲には顆粒膜細胞（卵丘細胞）という細胞がついており、これを卵丘細胞卵子複合体 (COC) と呼んでいる。精子はCOCに集まり、頭部からヒアロニダーゼという酵素を放出して顆粒膜細胞を溶かして前進する。その後、精子が顆粒膜細胞の内側の卵子の

「殻」の部分（透明帯）を通過し、卵細胞の中に入り、融合して受精する。排卵された卵子の周りの顆粒膜細胞からはケモカイン（この場合、精子誘引物質）が放出されるが、ケモカインは顆粒膜細胞マトリックスを硬くする作用もある。受精が近くなると、PGE_2によってケモカインの作用が弱められ、マトリックスが緩み、精子のヒアロニダーゼ酵素が作用しやすくなる。ケモカインとPGE_2は互いに拮抗する関係にあることになる。PGE_2の受容体の一つEP_2の欠損マウスは不妊になることが知られている。この不妊マウスでは、ケモカインが大量に産生しているそうである。つまり、マトリックスを緩めて、受精しやすい環境をつくるPGE_2を受け取る受容体がないからだ、ということになる。このことを利用して、不妊治療薬の開発が進められている。

5-3-2　LTの受容体

LTの中で最も活性の強いのは、LTE_4である。LTE_4は、前駆体のLTC_4がABCトランスポーター[用語9]を介して細胞外に出され、そこで、γ-グルタミルトランスペプチダーゼまたはγ-グルタミルロイコトリエナーゼでグルタミン酸が外され、LTD_4に変換される。LTD_4は膜結合型のジペプチダーゼの作用で、グリシンが外されて安定で活性の強いLTE_4へと変換される[21]（図5-5参照）。これらのLTC_4，LTD_4，LTE_4は気管支平滑筋収縮作用を持つエイコサノイドであり、システイニルロイコトリエン（CysLT）と総称されている（5-2-3項参照）。また、好中球などではLTA_4はジヒドロ体のLTB_4に変換され、好中球、好酸球、マクロファージなどの強力な化学誘引物質として作用している。

LTE_4合成酵素遺伝子欠損のマウスでは血管透過性が50％抑制されることから、LTE_4はヒスタミンやサイトカインと同じく、血管透過性を亢進させる機能を持つことが示された。

(1) $CysLT_1$ 受容体と $CysLT_2$ 受容体

LT の受容体としては、薬理学的な手法で、少なくとも2種類の受容体が同定されている。その一つ、1受容体（$CysLT_1$ 受容体）は喘息発作における気管支平滑筋収縮に関与していることが示され、その阻害剤（拮抗剤）（Montelukast, Zafirlukast, Pranlukast）が開発され、現在臨床医学の現場で使われている。$CysLT_1$ 受容体の機能発現メカニズム研究の分野では、1999年にヒトの $CysLT_1$ 受容体遺伝子がクローニングされ、アミノ酸残基330のG-タンパク質共役受容体であることが明らかにされた。$CysLT_1$ 受容体は LTD_4 に対して最も親和性が強く、その親和力は Montelukast などの阻害剤で抑制される。ヒトの $CysLT_1$ 受容体の mRNA は、気管支平滑筋で最も多く発現しているが、肺胞マクロファージやマスト細胞、好酸球などの骨髄系血球細胞でも発現しているとのことである。

同定されている受容体のもう一つは $CysLT_2$ 受容体である。$CysLT_2$ は LTC_4 と LTD_4 に対して同程度の親和性を示す。しかし、それらの親和力は $CysLT_1$ 受容体に対するよりも低く、Montelukast などの阻害剤による阻害作用も示さなかった。また、$CysLT_2$ 受容体の mRNA は肺胞マクロファージに最も多く発現しており、気管支平滑筋、副腎髄質、脳などでも発現が認められている。これらの発現の分布から、$CysLT_1$ および $CysLT_2$ 受容体には気管支平滑筋収縮以外の機能の存在が推測されている。

$CysLT_1$, $CysLT_2$ 受容体の特異性からみて、LTE_4 に対するこれらの受容体の親和性は決して強いものではないと考えられ、LTE_4 に対する特異的受容体の検索が行われた。$CysLT_1$ および $CysLT_2$ 受容体の両方を欠損しているマウスを用いての実験では、受容体欠損マウスでは LTE_4 に対する感受性が LTD_4 や LTC_4 に対するよりも著しく強く、野生マウスに対するより64倍も強く現れたが、百日咳毒素[用語10]などで抑制されることから、この受容体はG-タンパク質共役受容体であると推定されている。

(2) GPR17

オーファン（真のリガンドが不明な）G-タンパク質共役受容体の一つにGPR17がある。この受容体のアミノ酸組成が$CysLT_1$や$CysLT_2$受容体と30％程度の相同性があることから、新たなCysLTの受容体だと思われていた。ところが、この受容体は$CysLT_1$受容体の機能を阻害する現象を示したという。ここでも、GPR17というオーファン受容体は$CysLT_1$受容体に対して抑制的に働く調整因子、つまり、ON/OFFスイッチのOFFを司る受容体であることが示された。

(3) アレルギーと$CysLT_1$受容体

カビやイエダニはアレルギー性喘息のアレルゲン（抗原）であるが、ここに働く免疫反応のメカニズムは不明な点が多い。最近になって、徐々にメカニズムが明らかになりつつある。ダニのアレルゲンの中の多糖類が、免疫細胞の一種である樹状細胞表層のC型レクチン受容体Dectin2を活性化して、LTE_4を産生することが見出された。ダニ感作マウスではDectin2受容体が活性化し、ヘルパーT細胞2型（Th2）や17型（Th17）の免疫反応を引き起こすことが知られている。$CysLT_1$受容体の欠損マウスの樹状細胞ではTh2だけが特異的に抑制されたことから、$CysLT_1$受容体がヘルパーT細胞2型の免疫応答（好酸球浸潤）に関わっていることが明らかにされている[21]。

5-4 プロスタグランジン、ロイコトリエンと拮抗剤

SUMMARY

疾病の症状の原因物質となるプロスタグランジンの作用を弱めるために、プロスタグランジンの合成の阻害や、受容体の拮抗剤などを用いた治療法の開発が行われている。しかし、合成阻害により作用亢進と作用抑制のバランスが崩れると、副作用が起きることになる。より副作用の少ない治療薬が求められている。

PGやLTの拮抗薬を考える場合、ブロックできる場所がいくつか想定できる。1) PGとLTの原料であるアラキドン酸の遊離を止めるためにホスホリパーゼA_2の活性を阻害する。2) アラキドン酸に作用するシクロオキシゲナーゼ（COX）やリポキシゲナーゼ（LOX）の活性を阻害する。3) 各PGやLTの合成酵素の活性を阻害する。4) 受容体を塞ぐ。5) 受容体－G-タンパク質共役系を遮断する、などである。本節では、現在進められている開発研究についてみていく。

5-4-1 COX1とCOX2

COXは消化管、腎臓，血小板などに存在し、COX1とCOX2の二種類がある。COX1は胃酸の分泌、利尿、血小板凝集に関与し、恒常的に存在する。一方、COX2は、ホルモンや免疫細胞から分泌されるタンパク質性のサイトカインの刺激を、マクロファージや血管内皮細胞などが受けて誘導されて産生する。COX2は、炎症反応、血管新生、アポトーシス排卵、分娩などに関与している。

5-4-2 NSAIDsとステロイド剤

NSAIDsと呼ばれる抗炎症剤がある。NSAIDsとは非ステロイド性抗炎症薬（Non-Steroidal Anti-Inflammatory Drugs）のことで、抗炎症作用、鎮痛作用、

解熱作用を有する薬剤の総称である。インドメタシンやアスピリン、ジクロフェナクナトリウム（医薬品名：ボルタレン）などがNSAIDsに該当する。NSAIDsはCOXの活性を阻害するので、PGH_2の合成が阻害され、最終的にPGとTXの産生が抑制される。その中でも特にPGE_2の産生を抑制する。COXの活性阻害によってPGE_2の産生を抑制すると、痛みや発熱を起こす作用が緩和され、鎮痛作用や解熱作用が誘導される。しかし、マクロファージなどから産生する炎症性サイトカインによる炎症（組織破壊など）が進行する恐れがあると考えられている。アスピリンなどでCOX1の活性を阻害すると、胃粘膜障害、腎機能の低下などの副作用が現れる。

NSAIDsのほかにも、阻害剤としてステロイド剤が知られている。ステロイド剤はNSAIDsのようにCOXの活性を阻害するのではなく、COX自身の合成（遺伝子の発現）を阻害する。ただし、COX2の遺伝子の発現は抑制されるが、COX1は抑制されない。ステロイド剤にはグルココルチコイドなどがある。副作用としては、COX2の阻害により、肉芽形成や血管新生の抑制が起こり、治癒が遅延するおそれがある。

また、NSAIDsはLOXには作用しないが、ステロイド剤は阻害するとのことである。

NSAIDsの副作用は用量に比例して起きるといわれている。胃腸障害、血液の抗凝固、肝臓障害、腎臓障害などが主な副作用である。腎臓障害は腎血流量の低下による糸球体ろ過量の低下が原因で起こる。高齢者に現れやすい障害だそうである。

5-4-3　アスピリン

アスピリン（アセチルサリチル酸）はNSAIDsとして有名な医薬品である。アスピリンにはアスピリン・ジレンマという現象が知られている。アスピリンはCOX1の活性を阻害し、血小板の凝集能を高めるトロンボキサン（TXA_2）と、凝集能を抑制するプロスタサイクリン（PGI_2）の両方の産生を抑制するという、相反する作用がある。その用量によって作用が異なるのである。少量のアスピリン（1日；150 mg位以下）では、プロスタサイクリン（凝集能の抑制）の産生よりも、トロンボキサン（凝集能を高める）の産生がより強く抑えられるため、トータルとして凝集能が抑制される（さらさら血になりやすい）。逆に、鎮痛効果の得られる量のアスピリン（1日；2〜3 g）は、血小板凝集能を高めるトロンボキサンの産生比率が高くなる（ドロドロ血になりやすい）。つまり、同じアスピリンが使用する量により2つの相反する作用を示すことから、これらの相反する現象をアスピリン・ジレンマと呼んでいる。

アスピリンの副作用に消化性潰瘍がある。アスピリンはCOX1の活性を抑制し、その結果、PGE_2の産生が抑制される。TNF-α（腫瘍壊死因子-α、Tumor necrosis factor-α）[用語11]の産生を抑制していたPGE_2の減少で、TNF-αの産生が増加し、血管内皮細胞が損傷を受ける。血管の障害箇所に微小な血栓が形成され、局所的に血液の循環が悪くなり、その箇所の胃粘膜が損傷するというのが副作用のメカニズムと考えられている。

もう一つ、アスピリンの副作用としてアスピリン喘息がある。アスピリン以外のNSAIDsでも同様の喘息が起きることから、この副作用のメカニズムとして、COX1活性が抑制されると、LTの産生を抑制していたPGE_2が減少し、アラキドン酸カスケードの流れがLOX経由のロイコトリエン側に傾き、LTC_4, LTD_4, LTE_4の合成が亢進するためという説がある。また、細胞膜の安定化作用のあるPGE_2の減少により、マスト細胞や好塩基球からヒスタミン分泌が増加し喘息発作が起きるという説もある。まだ、明確な答えは出ていないようである。その他の臨床知見から、アスピリン喘息は30〜40歳に多く、男性より女性に多いことが分かっている。性ホルモンも関係しているのであろうか。

アスピリンを常用しているヒトは大腸がんで死亡するリスクが高くなることが知られている。がんに関連しているのはCOX2であるが、従来のNSAIDsはCOX2だけでなく、がんの増殖や転移を抑制するCOX1も阻害され、必要なPGが合成されず、種々の副作用を引き起こす危険がある。最近、COX1を阻害せず、COX2だけを選択的に阻害するCelecobix（商品名ではない）という阻害剤が開発され、マウスの実験で肺がんや大腸がんの増殖や転移が抑制されたことが報告されている。また、Celecobixは血管の新生を阻害すると云われている。この阻害は腫瘍血管新生を抑え、腫瘍の増殖抑制につながるのであろう。

しかし、COX2を阻害することに問題がないわけではないようである。それは心筋梗塞などのリスクが高まることである。また、COX2の阻害によって、TXA_2とPGI_2の産生量のバランスがくずれ、血栓が形成されやすくなるとも云われている。

それでは、受容体に蓋をしてPGが結合できなくする方法では、副作用を軽減できる可能性はあるだろうか。PGE_2の受容体EP1の拮抗剤SC51089を用いた脳梗塞モデルマウスの実験で、神経保護効果と神経症状の改善が認められることから、臨床治療に適用できる可能性があるとされている。受容体拮抗剤はそのほかにも開発され、市販されている。TXA_2の受容体TPの阻害剤としてラマトロパンやセラトロダスト(商品名ではない)が臨床で使用されている。

5-4-4　ロイコトリエンの拮抗剤

一方、ロイコトリエンの受容体拮抗剤MontelukastやPranlukastは、前述したように、$CysLT_1$受容体に対してアンタゴニスト[†]として結合し、システイニルロイコトリエンLTE_4が受容体と結合するのを妨げる効果がある。気管支喘息患者のおよそ60％はこれらの薬剤で改善がみられるとのことである。ただし、これらの薬剤の効果を服用前に予測することはできないとされているが、アスピリン喘息などにはほぼ有効とのことである。これらの治療薬は気管

† アンタゴニスト（antagonist）: 生体の受容体分子と拮抗的に結合する（競争的阻害）か、受容体以外と結合（非競争的阻害）し、受容体反応を阻害する物質。現象的には受容体分子が減少したように観察される。

支喘息症状を改善し、悪化を抑え、抗炎症作用を示す。

プロスタグランジン（PG）やロイコトリエン（LT）に限らず、拮抗剤や代謝阻害剤の治療への応用は私たちに必要な手段であるが、生体の代謝の一部を止めることは、直近の代謝中間体や上流でのフィードバックなどにより代謝の流れを変えることになる。これが治療薬の副作用の原因の一つになっていると考えられている。そうだとすると、治療薬の副作用は避けられないように思える。できることなら副作用は避けたいが、そのような薬の開発は不可能に近く、願うほかないのかもしれない。それにしても、生体における恒常性維持機能の精緻なメカニズムには驚嘆するばかりである。ある系が破綻しても、幾重にも張り巡らされた保障系により、極めて安定した恒常性が確保されている。これからも脂質メディエーターの科学は進歩し続けると感じている。

第6章　ヒドロキシモノエン酸および モノエポキシポリエン酸

6-1　ヒドロキシモノエン酸

SUMMARY

代表的なヒドロキシモノエン酸にはロイヤルゼリーの脂肪酸（ロイヤルゼリー酸）、ひまし油のリシノール酸、リノール酸の乳酸菌代謝物であるHYAと呼ばれる脂肪酸の3種類がある。主な生理活性として、ロイヤルゼリー酸には抗菌作用、リシノール酸には鎮痛、抗炎症作用、そしてHYAには抗炎症作用があるとされている。

ヒドロキシモノエン酸とは分子内にヒドロキシ基（OH基）と1個の二重結合をもつ脂肪酸のことで、炭素数に制限はない。代表的なヒドロキシモノエン酸として、ロイヤルゼリー酸やリシノール酸がある（**図6-1**）。これらの脂肪酸には種々の生理活性の機能があると云われているが、確かな文献がないまま、あることになっている活性もあるようである。

HO　COOH

ロイヤルゼリー酸（10-ヒドロキシ-*trans*-2-デセン酸）

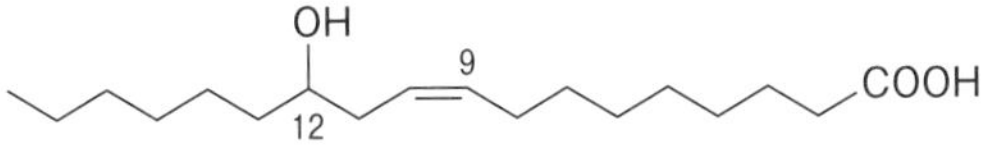

OH　9　12　COOH

リシノール酸（12-ヒドロキシ-*cis*-9-オクタデセン酸）

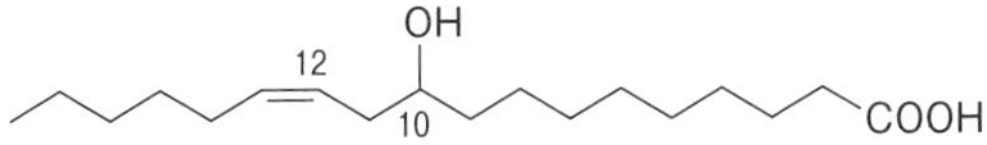

OH　12　10　COOH

10-ヒドロキシ-*cis*-12-オクタデセン酸（HYA）

図6-1　代表的なヒドロキシモノエン酸の構造

6-1-1　ロイヤルゼリー酸

ロイヤルゼリーは、女王蜂をつくるためにミツバチがつくる栄養豊かな食べ物である。孵化直後からロイヤルゼリーだけを食べさせて誕生した女王蜂は、ロイヤルゼリーだけを食べて一生を終える。ロイヤルゼリーは淡黄色のクリーム状の物質である。この物質には、タンパク質、糖質やビタミン類などが含まれており、約3％の脂質も含まれている。脂肪酸のほとんどは10-ヒドロキシ-2-デセン酸（10-HDA）が占め、通称ロイヤルゼリー酸と呼ばれている。この脂肪酸は炭素数10の末端にヒドロキシ基が付き、2位と3位の間にトランス型の二重結合を持っている。1957年に初めて、10-HDAに抗菌作用があることが報告された。大腸菌をはじめ、多くの細菌（バクテリア）やカビに対する抗菌活性は、ペニシリンの1/4～1/5だそうである。集団生活を営むミツバチの中でも、女王蜂の細菌感染はミツバチ集団の存亡にかかわる重大事であることを考えると、10-HDAの強い抗菌活性は納得のいくものである。そのほかに、ロイヤルゼリーには微量脂肪酸として9-オキソ-2-デセン酸（9-oxo-C10:1 $\Delta t2$）、2-オクテン酸（C8:1 $\Delta t2$）などが含まれているが、これらには抗菌活性はないと云われている。この結果は、抗菌活性の発現は、10-HDAの10位のヒドロキシ基と2位のトランス二重結合によることを示しているように見える。また、10-HDAに神経幹細胞の成長促進作用があることを培養神経細胞による実験で明らかにした報告がある[22]。さらに、10-HDAは、がんや関節リウマチなどでみられる、血管内皮細胞増殖因子（VEGF）[用語12]による血管新生を抑制するという報告もある[23]。ただし、この抑制作用のメカニズムはまだ不明な点が多いように見受けられる。

6-1-2　リシノール酸

リシノール酸（ricinoleic acid、12-hydroxy-*cis*-9-octadecenoic acid）は、12位にヒドロキシ基を持つヒドロキシモノエン酸である。下剤として用いられているひまし油の構成脂肪酸の90％を、リシノール酸のトリグリセリドが占めている。

リシノール酸（12-hydroxyC18:1 $\Delta c9$）の構造から、前駆体はリノール酸（C18:2 $\Delta c9, c12$）であると思われる。リシノール酸には局所における鎮痛作用と、抗炎症作用があると云われている[24]。唐辛子の辛味成分であるカプサイシンにも同様の作用があることが知られているが、投与量によって、鎮痛作用や抗炎症作用が、発痛作用や炎症作用に変化する物質である。例えば、カプサイシンを多量投与すると疼痛（熱さ）を起こし、投与箇所に炎症性水腫を発現させる。水腫組織では疼痛の指標であるサブスタンスP（substance P）[用語13]の濃度が上昇し、疼痛が増す。そこにリシノール酸を反復投与すると、サブスタンスPの濃度が減少する。リシノール酸にはこのように鎮痛効果がみられる。

ここで、痛みのメカニズムの概略を見てみよう。組織が損傷を受けてから数十秒後に、その損傷した細胞からカリウムイオンが漏出する。これが引き金となって、ヒスタミンやセロトニンが痛みの受容器を刺激して［痛み］が生じる。

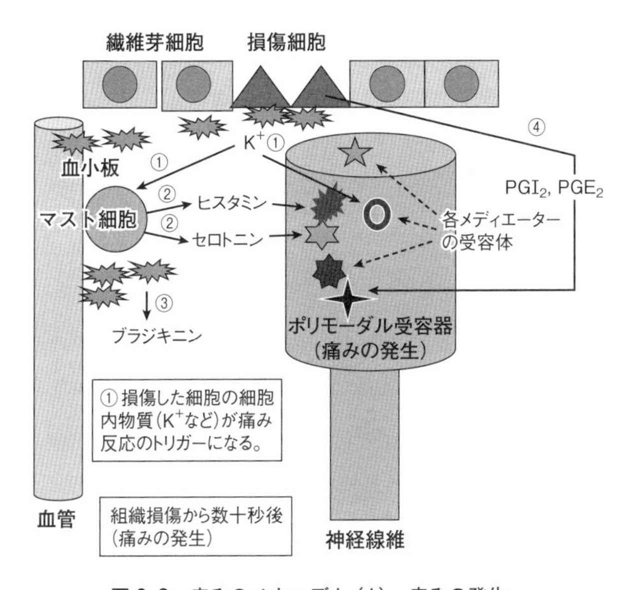

図6-2　痛みのメカニズム（1）　痛みの発生

同時に血小板の凝集が始まると、ブラジキニン（痛み物質）（第5章5-2-4項参照）[用語6]が産生され、ポリモーダル受容器†を介して痛みが生じる。その後、PGI_2, PGE_2 が産生してくる。PGI_2, PGE_2 には発痛作用はないが、ブラジキニンの発痛作用を増強する作用がある（**図6-2**）。

組織損傷から30～60分ほど経過すると、マクロファージが集まり、ブラジキニンなどと反応し、炎症性サイトカインと呼ばれているインターロイキン1β（IL-1β）[用語14]やIL-6、TNF-α（腫瘍壊死因子-α）[用語11]が放出される。これらがポリモーダル受容器を刺激し、さらに痛みを生じさせることになる。インターロイキンとブラジキニンは繊維芽細胞を刺激して神経成長因子（NGF）を放出する。神経成長因子は神経線維に取り込まれ、神経細胞に運ばれると痛みを生じさせる本体のサブスタンスPを放出させ、受容体に結合することに

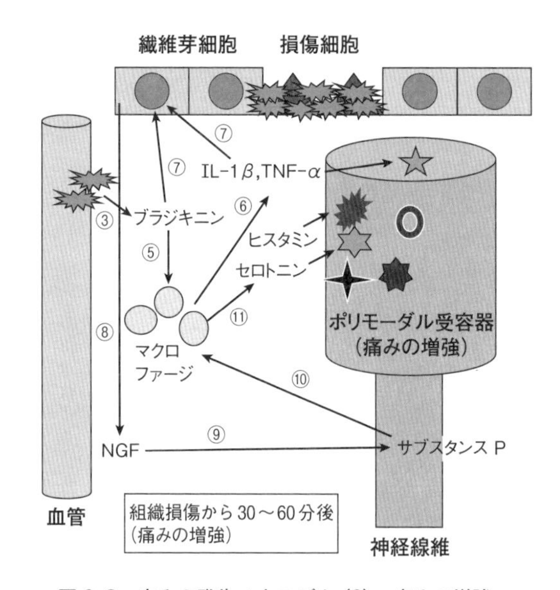

図6-3　痛みの発生メカニズム（2）　痛みの増強

† ポリモーダル受容器：侵害受容器の一つで、機械的、化学的および熱刺激のいずれにも反応する受容体。ブラジキニンによっても、ポリモーダル受容器が作動する。

よってアゴニスト[†]として作用し、結果的に［痛み］の増強と持続を引き起こすことになる（**図6-3**）。

さて、リシノール酸の鎮痛、抗炎症作用はどこの段階に作用しているのだろうか。ステップが多く、この論文[24]からはメカニズムがブラックボックスのままであり、今後の研究を待つしかない。しかし、次の6-1-3項の腸内乳酸菌の代謝物である10-ヒドロキシ-12-オクタデセン酸（HYA）と照らし合わせて見ると、ブラックボックスの一部が垣間見えるように思われる。

6-1-3　ヒドロキシ脂肪酸

ヒドロキシ脂肪酸A（HYA, 10-hydroxy-*cis*-12-octadecenoic acid）は、腸内乳酸菌によってリノール酸から産生される。HYAはその抗炎症作用により、腸の疾患を改善する可能性が報告されている[25]。HYAの構造からみると、リシノール酸のアナログのように見える（図6-1）。この研究では、腸内乳酸菌が産生するリノール酸代謝物を分離同定し、ヒドロキシおよびオキソ体の脂肪酸の活性を調べている。まず、マウスにデキストラン硫酸ナトリウムを投与してモデル腸炎を発症させ、リノール酸代謝物の効果を調べるという方法を用いている。通常、腸炎を発症すると、体重減少、腸内面の損傷が起きる。HYAの投与によって、これらの症状が改善すると述べている。

そのメカニズムとして、HYAが腸管のG-タンパク質共役受容体（GRP40）[用語15]に結合すると、MEK-ERK経路[用語16]でシグナルを伝達し、機能分子を分泌する働きをする。ここでは、腸炎の発症によって種々の炎症性サイトカインの産生の増加が起きるが、HYAの投与によってその産生が抑制されることを観察している。おそらく、何らかのメカニズムで炎症性サイトカインの産生を促すシグナルの伝達が阻害され、この反応の先にあるサブスタンスPの産生も抑制されるものと思われる。これらの結果は、リシノール酸投与でサブス

† アゴニスト：生体の作用を強めるように作用する物質。

タンスPの濃度が減少するという結果と極めて類似している。構造活性相関を見ると、12位のシス型の二重結合と10位のヒドロキシ基（HYA）が必須のようにみえるが、9位にシス型の二重結合と12位にヒドロキシ基（リシノール酸）の場合はどのようになるのであろうか。抗炎症作用はリシノール酸にもHYAにも共にあることからみると、受容体GRP40は分子選択幅の広い受容体なのかもしれない。

6-2　モノエポキシポリエン酸

SUMMARY

DHAやアラキドン酸のエポキシ化された分子は疼痛を抑制する働きがある。作用発現には、G-タンパク質共役受容体と核内受容体の両方の関与が予測されている。

モノエポキシポリエン酸とは、その名前の通り一つのエポキシ基をもち、複数の二重結合をもつ脂肪酸の総称である。

DHAやEPAは、シトクロムP450エポキシゲナーゼ（epoxygenase）（Cyp2J9, Cyp2C55）[用語17]によって、5つのエポキシドコサペンタエン酸（EpDPE）（**図6-4**）や4つのエポキシエイコサテトラエン酸（EpETE）を生成する。これらは全てモノエポキシポリエン酸であり、プロテクチンやレゾルビン（第3章3-3節）と同様に炎症性疼痛の抑制作用を示す[26]。

一方、ω6系列の脂肪酸であるアラキドン酸はシトクロムP450エポキシゲナーゼで、4つのエポキシエイコサトリエン酸（EET）位置異性体に変換される。それらは5,6-、8,9-、11,12-、および14,15-EETである（**図6-5**）。EETは降圧作用や血小板凝集抑制作用のほかに疼痛の抑制作用があることも示されている。

不飽和脂肪酸のエポキシ化はさまざまな分子種で起きている。ラットの組織

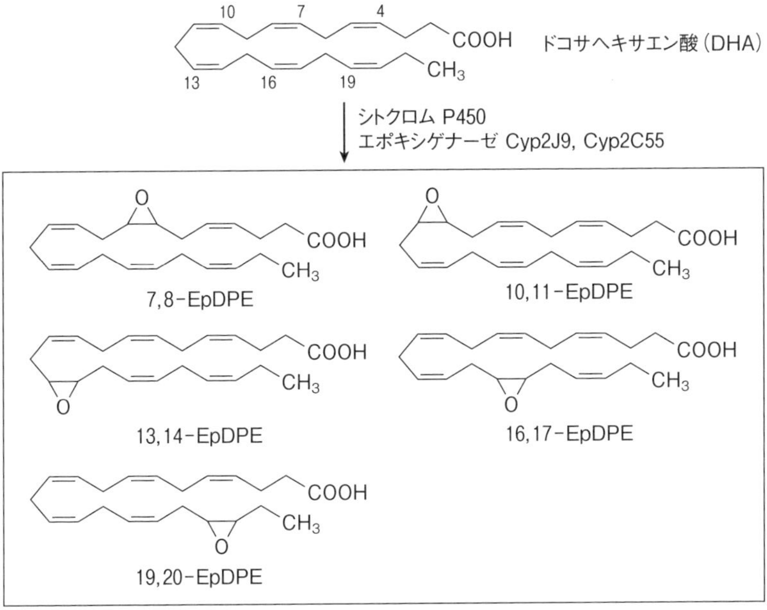

10
7
4
COOH
ドコサヘキサエン酸（DHA）
CH3
13
16
19
シトクロム P450
エポキシゲナーゼ Cyp2J9, Cyp2C55
O
COOH
CH3
7,8-EpDPE
10,11-EpDPE
13,14-EpDPE
16,17-EpDPE
19,20-EpDPE

図 6-4　ドコサヘキサエン酸から生成するエポキシドコサペンタエン酸の種類

8
5
COOH
アラキドン酸
CH3
11
14
シトクロム P450
エポキシゲナーゼ Cyp2J9, Cyp2C55
O
5,6-EET
8,9-EET
11,12-EET
14,15-EET

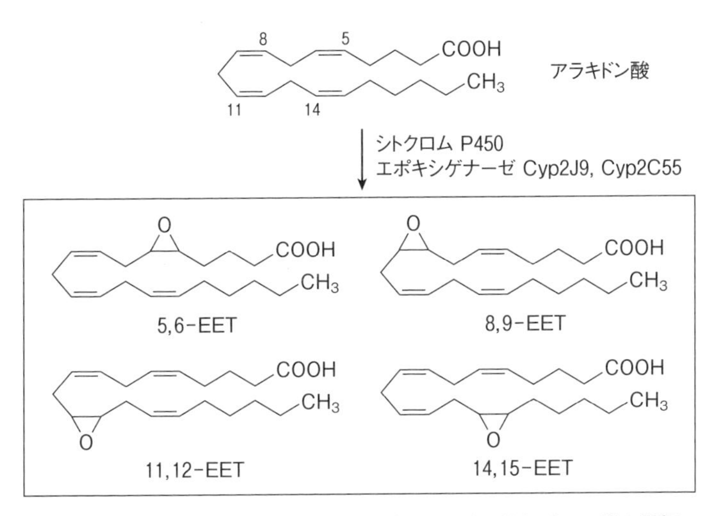

図 6-5　アラキドン酸から生成するエポキシエイコサトリエン酸の種類

中のモノエポキシ脂肪酸について調査した論文によると、DHAとEPA、アラキドン酸のほかに、オレイン酸（C18:1）、リノール酸、α-リノレン酸、γ-リノレン酸、ドコサペンタエン酸、がエポキシ化されることが示されている。このうちの、EETとEpDPE、EpETEに局所的な疼痛抑制作用がある[26]のに対して、エポキシリノール酸は痛みを惹起させる[27]。

シトクロムP450によるエポキシ化はいろいろな位置で起きていることから、エポキシ化はそれほど厳密な位置を要求している訳ではないと推定されている。また、生成したエポキシポリエン酸は、エポキシ基専用の可溶性エポキシ加水分解酵素（soluble epoxy hydrolase）で分解される。つまり、この加水分解酵素で細胞内のエポキシポリエン酸の濃度が制御されているものと考えられている。

さて、エポキシポリエン酸の作用メカニズムであるが、例えば、EETについては、ロイコトリエンと同様に、これまで真のリガンドが不明であった（オーファン）核内受容体PPAR[用語18]の新たなリガンドであることを見出したことが根拠となり、膜に存在するG-タンパク質共役受容体と核内受容体の両方を活性化することによって細胞内シグナル伝達を行っていることが予想されている。しかし、メカニズムの全容はまだ明らかになっていない。

第７章　トランス脂肪酸

7-1　トランス脂肪酸の生成

SUMMARY

トランス脂肪酸の生成ルートは二つあり、一つは植物油の高温処理工程、もう一つはウシやヒツジなどの反芻動物に共生している微生物による合成である。牛乳・乳製品には比較的トランス脂肪酸が多く含まれている。

7-1-1　トランス脂肪酸の種類と定義

トランス脂肪酸は、コーデックス委員会（Codex Alimentarius Commission）†では、次のように定義されている。「トランス脂肪酸とは、少なくとも一つ以上のメチレン基で隔てられたトランス型の非共役炭素－炭素二重結合を持つ単価不飽和脂肪酸および多価不飽和脂肪酸のすべての幾何異性体と定義する。」つまり、トランス脂肪酸は、“非共役のトランス型不飽和脂肪酸”ということになる。

代表的なトランス脂肪酸には、二重結合の数が一つのエライジン酸（C18:1 $\Delta t9$）やバクセン酸（C18:1 $\Delta t11$）、二重結合の数が二つのリノエライジン酸（C18:2$\Delta t9, t12$）などが挙げられる。共役二重結合を持つ共役リノール酸や共役リノレン酸もトランス脂肪酸とされることもあるが、コーデックスではトランス脂肪酸として定義していない。

9位にトランス型の二重結合を含むエライジン酸（C18:1$\Delta t9$）と、9位にシ

† コーデックス委員会とは、FAO及びWHOにより設置された国際的な政府間機関で、国際食品規格等を作成している。

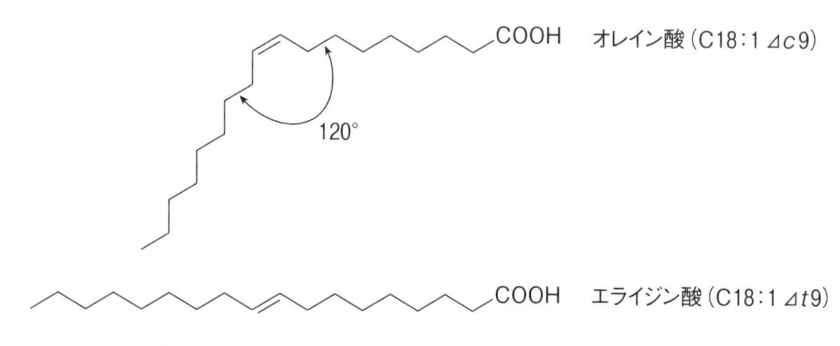

図 7-1 オレイン酸とエライジン酸の炭素鎖形状の違い

ス型の二重結合を一つ含むオレイン酸（C18:1*Δc*9）の炭素鎖の形状を比べてみると、トランス型のエライジン酸では真っ直ぐな形状であるが、オレイン酸のシス型は 9, 10 位の二重結合で 120 度折れ曲がる形状になる（**図 7-1**）。

植物油のような天然油脂の脂肪酸のほとんどはシス型であるが、加工品にはトランス脂肪酸が多く含まれている。マーガリンやショートニング中には、1 g（/100 g）以上のトランス脂肪酸が含まれており、そのうち 85～90 % はエライジン酸 *trans*-octadecenoic acid（C18:1*Δt*9）である。残りはリノール酸から生成する C18:2*Δc*9, *t*12 と C18:2*Δt*9, *c*12 で、C18:2*Δt*9, *t*12 はほとんど含まれていない。

トランス脂肪酸の生成要因を見ると、食品工業の工程で生成するものと、反芻動物の第一胃（ルーメン）に共生している微生物の代謝でできたものに分けられている。

7-1-2 食品製造工程由来

植物油などのシス型の不飽和脂肪酸は常温で液体であり、融点が低いため、マーガリンなどの固体の脂を作るには不向きである。そこで、融点を上げて、バター程度にするために、不飽和脂肪酸を部分的に飽和脂肪酸に変換する。この工程を部分水素添加という。部分水素添加によって融点の高くなった油を「硬化油」と呼んでいる。この工程で多くのトランス脂肪酸が生成する。また、サラダ油などの製造時には原料由来の異臭を除くための脱臭工程がある。この工程では、200℃以上の高温で処理するので、シス型の不飽和脂肪酸はより安定なトランス型に異性化する。植物油に入っているリノール酸やリノレン酸もトランス型に異性化するので、二重結合の一部が異性化したトランス脂肪酸が含まれることになる。トランス脂肪酸の主要成分はエライジン酸（C18:1$\Delta t9$）であるが、その他の分子種として、C14:1, C16:1, C18:2, C18:3 などが検出される。

硬化油製造について、これまでに以下の知見が得られている。

① 市販の食用植物油（ヒマワリ油）を 275℃の高温で 12 時間処理すると、各種の C18:2 のトランス脂肪酸［$\Delta t9, t12$；$\Delta c9, t12$；$\Delta t9, c12$］が生成する。

② 共役リノール酸（t-c, t-t, c-t）量が増加し、シス型（c-c）のリノール酸量が減少する。

③ 精製された α-リノレン酸を含む菜種油は精製されていない菜種油に比べて、C18:3 トランス脂肪酸（$\Delta c9, t12, c15$；$\Delta t9, c12, c15$；$\Delta c9, c12, t15$）の含有量が多い。

④ α-リノレン酸の方がリノール酸よりも高温処理によるトランス脂肪酸生成率は 13～14 倍も高い。それぞれの生成率は、リノール酸からは 1～6％、α-リノレン酸からは 1～65％であり、温度を下げるほど、また処理時間が短いほど生成量は少なくなる。

7-1-3　反芻動物由来

反芻動物の第一胃はルーメンと呼ばれ、原生動物や細菌などの微生物が共生している。微生物はセルロースや硝酸など、動物が消化できない物質を分解・消化している。これらの微生物の代謝物としてトランス脂肪酸が生成する。トランス脂肪酸は反芻動物に吸収され、体の構成成分になる。

トランス脂肪酸は乳製品や肉製品にも移行している。乳脂肪中の炭素数 18 の総トランス脂肪酸の約 30～50％ がバクセン酸（C18:1$\Delta t11$）であると云われている。

7-1-4 その他、植物のトランス脂肪酸

乳製品、肉の中に多く含まれるバクセン酸の一部は、体内で共役リノール酸の一種であるルーメン酸（C18:2Δc9, t11）に変換される。なお、共役リノール酸（C18:2Δc9, t11；C18:2Δt10, c12；C18:2Δc10, t12）はマウスやヒトにおいてインスリン抵抗性や慢性炎症を惹起するとの報告がある[28]。

共役リノレン酸は特定の植物にも多く存在し、例えばプニカ酸（C18:3Δc9, t11, c13）はザクロに、α-エレオステアリン酸（C18:3Δc9, t11, t13）はニガウリに存在する。しかしながら、共役リノレン酸の健康影響についてはほとんど調べられていない。

7-2 トランス脂肪酸の有害性

SUMMARY

多量のトランス脂肪酸の摂取は動脈硬化やアレルギー疾患の原因になると内閣府食品安全委員会の調査報告書に記載されている。わが国の食生活で摂取されているトランス脂肪酸のエネルギー換算比は0.3％程度で諸外国の摂取量（1％以上）より少なく、特に規制対象にする必要はないという。研究論文には有害性と無害性の両方の結果が報告されている。

7-2-1 トランス脂肪酸とシス脂肪酸の違い

トランス脂肪酸はなぜ有害と判断されたのか。トランス脂肪酸はシス型に比べ融点の高いものが多く、代謝速度が遅い。トランス脂肪酸が細胞膜に組み込まれると、膜の流動性が低下し、種々の疾病を引き起こす原因になると考えられている。まず、脂肪酸の融点をみてみる。二重結合が一つのオレイン酸

(C18:1$\Delta c9$) の融点は 14℃である。二重結合がトランス型に異性化したエライジン酸 (C18:1$\Delta t9$) では融点が 44℃に上昇している (第1章 表1-2)。融点が高いトランス型は分子として安定であることを示しているのである。しかし、融点の高い脂肪酸は血管を硬くし、動脈硬化の原因になる。二重結合が3つある γ-リノレン酸 (C18:3$\Delta c6, c9, c12$)(第1章 表1-4) の場合は、融点はどのくらいだろうか。γ-リノレン酸の異性体には、6位 *cis*, 9,12位 *trans* の場合や、6,9位 *cis*, 12位 *trans* の場合など、たくさんの種類がある。全てシスの場合から全てトランスの場合まで数えると、全部で8つの異性体がある。これらの異性体には、融点が高くないものが多い。融点から見た場合、全てが良くないとは云えない。

次に分子の形の違いを見てみると、先にも述べたように、オレイン酸は炭素鎖9位の二重結合で約120度折れ曲がっている。γ-リノレン酸では、3つの二重結合が全てシス型であれば、分子がほぼUの字に近い状態になる。二重結合の一部にトランスの二重結合があれば、その部分は伸びた状態に、全てがトランスの二重結合の場合は直線状の分子になる。これは、ステアリン酸 (C18:0) と同じような分子形態である。

脂肪酸の代謝の面から見てみると、違いが見える。γ-リノレン酸は炭素2個分の炭素鎖が延長され、さらに二重結合が一つ増えて全てシス型のアラキドン酸 (C20:4$\Delta c5, c8, c11, c14$) に変換される。アラキドン酸はシクロオキシゲナーゼやリポキシゲナーゼによって、プロスタグランジンやロイコトリエンといった生理活性を持つ脂質メディエーターになり、生命の維持に関与する。二重結合が一つでもトランス型になっていれば、アラキドン酸代謝 (アラキドン酸カスケード) の流れが止まることになる。ここに有害性の要因の一つがあるように思われる。

7-2-2　トランス脂肪酸と疾患

平成24年3月8日付けで内閣府に提出された食品安全委員会の140ページ

に及ぶ報告書「新開発食品評価書　食品に含まれるトランス脂肪酸」では、調査対象の疾病として、冠動脈疾患（虚血性心疾患）、肥満、糖尿病、がん、アレルギー性疾患そして妊婦への影響について調査報告している。その一部を抜粋して掲載する。

（1）心筋梗塞

アメリカでの研究（1994）では、1982～1983年に初めて心筋梗塞（非致死性）を発症した男女239人と、心筋梗塞を発症したことのないコントロール282人を対象とし、退院後8週間目に食事調査が行われた。

調査結果を、対象者の年齢、性、喫煙、高血圧罹病歴など計11項目で補正した後、植物由来のトランス脂肪酸の摂取量により最大摂取グループ（5.04 g/日）と最小摂取グループ（0.84 g/日）に分けて比較している。その結果、心筋梗塞の相対危険度は、最大摂取グループが最小摂取グループに比べて1.94（0.93～4.04）と、有意な増加（$p<0.01$）が認められた[29]。

また、イランでの研究（2008）において、冠動脈造影で冠動脈の狭窄が認められた30～73歳の男女105人とコントロール68人を対象とし、臀部皮下脂肪の生検が行われた。冠動脈狭窄のオッズ比[用語19]は、高血圧及び脂肪組織中の脂肪酸で補正後、総トランス脂肪酸比率が1.1～14.8％に増加した場合、1.41（1.0～1.8）に増加した。その内訳として、C18:1トランス脂肪酸では有意な差が認められたが、C18:2トランス脂肪酸及びC16:1トランス脂肪酸では有意な差は認められなかった[30]。C18:1トランス脂肪酸比率が増加すると、冠動脈の狭窄のリスクが高まることを意味している。

逆に、トランス脂肪酸との関連性がないという研究報告もある。その例として、ヨーロッパ8カ国とイスラエルでの研究（1995）において、非致死性心筋梗塞で入院した70歳以下の男性671人と心筋梗塞を発症したことのないコントロール717人を対象とし、入院1週間以内に臀部の皮下脂肪を生検し、脂肪酸が分析された。非致死性心筋梗塞のオッズ比は、年齢、場所、喫煙及び

BMI[†]で補正後、C18:1トランス脂肪酸比率の4つに分けたグループの中で、最も高いグループ(2.51%)と最も低いグループ(0.45%)で差は認められなかった。他のトランス脂肪酸については調べられていない[31]。

イギリスでの研究(1995)において、1990～1991年に冠動脈疾患により突然死した65歳以下の男性66人とコントロール286人を対象とし、腹壁の脂肪組織を用いて脂肪酸が分析された。突然死のオッズ比は、年齢、喫煙、糖尿病歴など計6項目で補正後、C18:1トランス脂肪酸比率が最大のグループ(2.75%以上)は最小のグループ(1.77%以下)に比べて、0.59(0.19～1.83)に低下傾向を示した。つまり、C18:1トランス脂肪酸比率が高いグループの方が、突然死のリスクが低いことになる。また、C18:2トランス脂肪酸比率が最大のグループ(0.71%以上)は最小のグループ(0.47%以下)に比べて、0.99(0.35～2.34)となり、脂肪組織中のトランス脂肪酸と冠動脈疾患の関連は認められなかった[32]。

その他、オランダでの同様の研究でも関連性がないとの報告がある。このように、トランス脂肪酸と心筋梗塞との関連性については逆の結論が出ているが、委員会はどのような結論を出したのだろうか。まとめとして「…研究において結果は一致しないが、冠動脈疾患との正の関連が認められた研究の中では、特にC18:2トランス脂肪酸との関連が強く、オッズ比は4～5程度になる」と述べている。

オッズ比が4～5とは危険性が高いという意味で、つまり、C18:2トランス脂肪酸によって動脈硬化になる危険性が高いということになる。また、反芻動物の第一胃の微生物がつくるトランス脂肪酸は、加熱で生成するトランス脂肪酸とは二重結合の位置が異なり、識別できる。反芻動物由来のトランス脂肪酸は乳製品や肉製品に混入するが、これらの脂肪酸と動脈硬化性症状との間に関連性はないとしている。

---

†　BMI(Body Mass Index):体重(kg)を身長(m)の2乗で割って求める。日本肥満学会による正常値は18.5～25.0の範囲とされている。

(2) 肥満

アメリカでの研究(2003)において、40〜75歳の男性16,587人を対象とした食生活を含む生活習慣の調査が、1986年から2年ごとに行われ、1987年と1996年(9年後)に腹囲を測定し、食事摂取量との関連が調べられた。対象者の測定値は、年齢、腹囲、BMI、9年間の身体活動量及びアルコールで補正したものを用い、また、1986年の測定値を個々の基準値とした。その結果、トランス脂肪酸摂取量のエネルギー比が2%増加した場合、9年間で0.77 cmの腹囲の増加が認められた[33]。

また、日本での研究では、18〜22歳の女子学生1,136人を対象とし、硬化油由来のトランス脂肪酸摂取量と腹囲の関係を調査している。なお、対象者の測定値は、地域、測定年度、喫煙、アルコールなど計10項目で補正したものを用いている。調査の結果、トランス脂肪酸摂取量が最大のグループ(1.11 g/日)の腹囲は73.5 cmであり、最小のグループ(0.39 g/日)の腹囲72.7 cmと比較すると、有意な差が認められた。しかし、BMIには差が認められなかった[34]。

さらに、ラットを用いた動物実験では、10%トランス脂肪酸添加飼料で8週間飼育した群とコントロール群とを比較した。トランス脂肪酸摂取群では内臓脂肪、肝臓脂肪が多く、肝臓コレステロールとトリグリセリドが高い値を示したと報告している[35]。

食品安全委員会では「日常レベルのトランス脂肪酸摂取量を長期間摂取した場合、健常者の糖尿病の罹患に影響するかどうかは明らかではない」と述べており、今後の研究データが得られるまで結論を保留にしている。

(3) がん

10のコホート研究†が行われており、そのうち三つの研究で正の関連が認め

† コホート研究:特定の要因に曝露した集団と曝露していない集団を一定期間追跡し、研究対象となる疾病の発生率を比較することで、要因と疾病発生の関連を調べる観察的研究である。

られているが、20年以上観察できた三つの大規模観察研究[36～38]では関連は認められていない。

四つのケースコントロール研究†のうち一つの研究[39]で組織中のトランス脂肪酸比率と正の関連が認められたが、その他、三つの研究では認められていない。委員会の結論を要約すると、「トランス脂肪酸と乳がん、大腸がん及び前立腺がんとの関連についてはデータ不足のため、結論を出す事ができない」と述べている。

(4) アレルギー性疾患

ヨーロッパ10カ国の疫学研究では、トランス脂肪酸摂取量の多い国ほど、子どもの喘息、アレルギー性鼻炎、アトピー皮疹の発症率が高いとのデータがある。また、アトピー皮疹の子どもから得られた赤血球及びT-リンパ球の細胞膜中の総トランス脂肪酸比率は、健常者と比較して有意に高いことが報告されている。ドイツの成人発症の喘息患者を対象とした研究において、マーガリン摂取量の多い群で喘息有病率が高いことが認められている。結論は「トランス脂肪酸とアレルギー性疾患とは関連がある」ことになる。

(5) その他の疾患

「トランス脂肪酸と胆石、脳卒中、加齢黄斑変性症及び認知症との関連についての報告はあるが、いずれも結論を得る事ができなかった」と述べている。

(6) 妊産婦への影響

妊娠期にトランス脂肪酸を多く摂取すると、母体や胎児での必須脂肪酸代謝が阻害されることから、胎児の体重減少や流産、死産との関連が報告されてい

† ケースコントロール研究：ある特定の症状や疾患を有する患者グループ（ケース）と、その症状や疾患のない一連の対照グループ（コントロール）とを比較、評価する研究方法。

る。また、授乳期においても、母親がトランス脂肪酸を多く摂取すると母乳に移行することが認められている。

7-2-3 トランス脂肪酸とコレステロール

米国食品医薬品安全局（FDA）がトランス脂肪酸の食品ラベル表示に踏み切ったのは、トランス脂肪酸が、LDLコレステロール値（low-density lipoproteins、悪玉コレステロール）を増加させる割合が飽和脂肪酸の場合より高いこと、HDLコレステロール値（high-density lipoproteins、善玉コレステロール）を低下させることを認めたからである。HDLコレステロールの総コレステロールにおける割合の低下は、冠動脈に悪影響を与えると考えられている。

また、トランス脂肪酸は血管内壁の炎症などの症状を促進するという結果が疫学的に見出されている。血管の内壁に傷がつくと、LDLコレステロールが傷口に張り付いて修復作用を示す。いったん、LDLコレステロールが張り付くと、次々と張り付き、血管が狭くなる。ここで、血管の内壁に傷が出来やすいか否かが問題になるが、トランス脂肪酸を多量に摂取すると血管内壁に傷が出来やすくなり、コレステロールの付着も促進されるのではないかという研究結果がある。この研究では、トランス脂肪酸の摂取量を0.61～1.87 g，1.88～2.26 g，2.27～2.64 g，2.65～3.13 g，3.14～7.58 gの5段階に分けて調査しており、摂取量が増えすぎると問題になるという結果が出ている。日本人の現在の摂取量は1.56 gで、この研究での最も低い摂取量に相当するので、特に問題はない。

まとめると、トランス脂肪酸は動脈硬化（冠動脈への影響）とアレルギー性疾患への影響が認められる。しかし、その他の疾患との関連は明確ではないというのが、これまでの研究の結果である。

7-3 日本人のトランス脂肪酸摂取量の推定

SUMMARY

日本人のトランス脂肪酸摂取の傾向を見ると、男女とも年齢が低いほどトランス脂肪酸からのエネルギー摂取量が多い。また、男性より、女性の方が多い傾向にある。

日本人のトランス脂肪酸の摂取量は諸外国に比べ少ないと云われているが、果たしてそうだろうか。平成15～19年の国民健康・栄養調査データを基にもう少し詳しく調べてみると、トランス脂肪酸のエネルギーを、食事から摂取した総エネルギーに対する割合としてまとめた資料がある（**表7-1**）。

このデータによると、男女とも年齢が低いほどトランス脂肪酸からのエネルギー摂取量が多いことが分かる。また、20～50歳代の男女を比較すると、女性の方が高い傾向にある。日本人の平均的なトランス脂肪酸の摂取割合は0.3％で、WHOの勧告基準である1.0％よりかなり低い値を示しているので、早急な対策は必要ないようである。同様な調査は農林水産省や厚生労働省でも行われており[40]、WHO基準を大きく下回っているとの評価を出している。

トランス脂肪酸の摂取量は食生活の内容で大きく変動し、中には1％を大きく超えている人がいる事も知られている。平成25年の国民健康・栄養調査では、総摂取エネルギーに占める脂質のエネルギーの割合の基準として、エネルギー比20～30％であることが示されている。しかしながら、日本人の男性で2割、女性で3割がこの基準を超えているとの指摘がある。また、若い世代

表7-1 日本人の総摂取エネルギーに占めるトランス脂肪酸のエネルギー比（%）

年齢	1-6	7-14	15-19	20-29	30-39	40-49	50-59	60-69	70以上	全年齢
全体	0.47	0.43	0.37	0.34	0.33	0.31	0.28	0.25	0.25	0.31
男性	0.47	0.42	0.36	0.31	0.28	0.27	0.25	0.23	0.24	0.30
女性	0.46	0.44	0.38	0.37	0.36	0.34	0.31	0.27	0.26	0.33

内閣府食品安全委員会の資料より作成

表7-2　日本の食品に含まれる総脂肪酸中のトランス脂肪酸の平均割合（%）

マーガリン	13.5（米国では13.02～25.06）
バター	4.1
チーズ	5.7
牛乳	4.5
食パン	9.3（食パン1枚で0.3g見当）
ドーナツ	0.8～23.9（菓子パン1個で1g見当）
フライドポテト	0.8～19.5
レトルトカレー	6.2
牛肉バラ	4.9
牛肉ヒレ	2.7

日本食品油脂検査協会などの調査から

ほど基準値より多く摂取しているようである。一方、摂取エネルギーの総量は、平成15～25年の10年間で減少を続けている。高齢化社会になり摂取エネルギーの少ない高齢者が多くなったことが原因の一つと思われるが、女性の「スリム志向」によるカロリー制限も影響しているのかもしれない。若い女性では、痩せている方が、脂質からエネルギーを摂取する割合が高い傾向にある。正規の食事は少なめにして、ポテトチップなどで空腹を凌いでいるのであろうか。

表7-2を見ると、トースト1枚に5gのマーガリン†をつけると、およそ0.8gのトランス脂肪酸を摂取する計算になる。牛肉の摂取量の多い米国ではトランス脂肪酸の摂取量がずば抜けて多く、米国の深刻さを示している。マーガリンやショートニングなどの加工の際にできるものを含むビスケットや菓子類を沢山摂取することも、トランス脂肪酸を多く摂取することになる。

†　バターやマーガリンには10～17%の水分が含まれる。

7-4 トランス脂肪酸の代謝

SUMMARY

生体内におけるトランス脂肪酸のβ酸化速度は対応するシス脂肪酸と大きな差はない。したがって、トランス脂肪酸が体内に蓄積することはないと考えられている。

単離したミトコンドリアを用いた実験で、トランス脂肪酸は対応するシス脂肪酸に比べてβ酸化の速度が遅いことが観察されている。しかし、*in vivo* では両者の酸化速度に大きな差は認められていない。したがって、体内にトランス脂肪酸が特異的に蓄積することはないと考えられている。

血清コレステロールの蓄積問題についても、リノール酸の供給が十分であれば、トランス脂肪酸の影響はほとんどないと考えられている。このことから食事の構成品目が適切であれば、トランス脂肪酸の問題は無視できると考えるべきであろう。

また、トランス脂肪酸は脳の血管にも悪影響を与え、アルツハイマー症やパーキンソン病の要因の一つとなるという研究もあるが、血液－脳関門でトランス型を含むほとんどの脂肪酸が脳神経細胞内に入るのをブロックしていることを考えると、この研究の妥当性に疑問が生じる。もちろん、食品安全委員会での調査対象にはなっていない。

7-5 トランス脂肪酸に関する諸外国の動向

SUMMARY

トランス脂肪酸の摂取量の多い欧米諸国では、各国によってトランス脂肪酸対策が異なっているが、一致した結論として、トランス脂肪酸の摂取量は、栄養学的に適正な食事の範囲内で可能な限り低くすべきである、としている。この節では主な国におけるトランス脂肪酸の考え方や規制の内容を紹介する。

7-5-1 欧州食品安全機関（EFSA）

欧州食品安全機関（EFSA）は、2004年の意見書でトランス脂肪酸の存在量、摂取量、健康影響等について調査し、結論として以下の点を示している。特に、食用油脂を構成する脂肪酸の中で最大成分であるオレイン酸のトランス型であるエライジン酸に注目している。

(1) トランス脂肪酸はヒト体内で合成されず、食事中にも必要とされない。そこで、集団基準摂取量、平均必要量及び適正摂取量は設定しない。

(2) トランス一価不飽和脂肪酸を含む食事を摂取すると、シス一価不飽和脂肪酸やシス多価不飽和脂肪酸を含む食事の摂取と比較して、血中の総コレステロール及びLDLコレステロールが増加する。

トランス一価不飽和脂肪酸の摂取はまた、血中HDLコレステロールの減少及び、総コレステロールとHDLコレステロール比の増加も引き起こす。これまでのデータからは、反芻動物由来のトランス脂肪酸を、工業由来のトランス脂肪酸と同等量摂取した場合、工業由来のトランス脂肪酸と同様に血中脂質及びリポタンパク質に悪性の影響を及ぼすことが示唆されている。

前向きコホート研究†では、トランス脂肪酸の多量摂取と冠動脈疾患リスク

† 前向きコホート研究：対象者が疾病に罹る前に調査を開始する、つまり未来に向かって調査を進めるため、単に前向き研究と呼ばれることもある。

増加との間に、一致した相関が証明されている。冠動脈疾患リスクに関しては、反芻動物由来と工業由来のトランス脂肪酸を等量摂取した場合に差があるかどうか判断するには、利用できる証拠が不十分である。一方、わが国の食品安全委員会では、反芻動物由来のトランス脂肪酸はバクセン酸（C18:1$\Delta t11$）であり、加熱により作られるトランス脂肪酸（エライジン酸、C18:1$\Delta t9$）とは二重結合の位置が異なるので、影響はない、としている。

(3) 食事からのトランス脂肪酸は、必須脂肪酸等の栄養成分の重要な供給源でもある脂肪や油脂に含まれている。したがって、トランス脂肪酸の摂取量は、必須栄養素の適正な摂取量を損なうことなく低減する必要がある。そこで結論として、トランス脂肪酸摂取は、栄養学的に適正な食事の範囲内で可能な限り低くすべきであるとしている。栄養の最終目標及び勧告基準を設定する場合、トランス脂肪酸摂取の制限を考慮する必要があるという結論で、妥当な内容になっている。

7-5-2　デンマーク

デンマークでは、マスメディアがトランス脂肪酸を大きな関心を持って取り上げ、工業界を動かした。その後の10年間でマーガリン中のトランス脂肪酸含量が5％未満に減少した。デンマークで注目されるのは、ターゲットとする消費者について、平均的摂取者ではなく、一部のトランス脂肪酸の高摂取者に対する健康影響を考慮した政策をとったことである。その結果、2003年に、脂肪及び油脂中のトランス脂肪酸含有量を2％未満とする規制を行った。

7-5-3　フランス

フランス食品衛生安全庁（AFFSA）が、2005年の報告書（評価書）で共役リノール酸を含めトランス脂肪酸についての見解をまとめている。この評価書において、総摂取エネルギー比2％を摂取上限と仮定した場合、成人の2％、12～14歳の男児の10％が摂取上限を超えていると推定している。これは、他国と比較して多いものではない。フランス栄養・健康プログラム（PNNS）では、飽和脂肪酸摂取量を18％から16％に低減することによって、トランス脂肪酸摂取量が50％減少すると見積もっている。その他のトランス脂肪酸摂取量の主因となっている食品についても、個別に摂取量の低減を提言している。

AFFSAは、トランス脂肪酸の上限摂取レベルについては、将来的に設定することを提案しているが、現時点でその設定の報告はない。また、トランス脂肪酸含有量の表示規制もされていない。

AFFSA評価書では、共役リノール酸（CLA）の記述が詳細になされている。化学的に生成された混合物（共役リノール酸（C18:2$\Delta c9, t11$及び$\Delta t10, c12$））の毒性評価が行われ、一方の異性体（$\Delta t10, c12$）に悪性影響があるとの知見が得られている。共役リノール酸は健康補助食品や動物用飼料の添加物として使用されているため、その使用について考慮が必要としている。

7-5-4 アメリカ

アメリカ連邦政府は、加工食品の栄養表示について、既に義務表示項目であった総脂肪、飽和脂肪酸（1993年～）、コレステロール（1993年～）の含有量に加え、2006年1月からトランス脂肪酸の含有量を表示義務項目とした。トランス脂肪酸の定義は、コーデックス委員会に従い「一つ又は複数の離れた（すなわち非共役）トランス配置の二重結合を持つすべての不飽和脂肪酸の総称」として定義される。

加工食品の栄養表示において、一食当たりのトランス脂肪酸含量のg数の記載は、5g未満では最も近い0.5g刻みの増加で、そして5gを超える場合には最も近い1g刻みの増加で表記される。一食当たりの含量が0.5g未満の場合、含量表示はゼロと表記する。

米国食品医薬品安全局（FDA）の表示規則では、「トランス脂肪酸」と「トランス脂肪（トランス脂肪酸を含むトリグリセリドのこと）」を互換使用していると明記している。また、FDAによる定義では、硬化油由来と反芻動物由来のトランス脂肪酸を区別していない（すなわち、反芻動物由来のトランス脂肪酸も規制対象となる）。

2006年12月にニューヨーク市は、レストラン等で提供される食品中のトランス脂肪酸の上限値規制を制定した。カリフォルニア州では2010年1月から工業由来トランス脂肪酸を含む脂肪類の販売が禁止され、2011年1月から工業由来トランス脂肪酸を含むすべての菓子類等の販売が禁止された。また、フィラデルフィア市では2007年に、ニューヨーク市に続きトランス脂肪酸をレストランから追放することを議会で可決している。

第8章　脂肪酸が関与する疾病の軽減・予防のメカニズム

8-1　アルツハイマー症を軽減・予防する脂肪酸

SUMMARY

中高年の脳には奇数脂肪酸が多く、ビタミン B_{12} が少ない。アルツハイマー症改善には奇数脂肪酸経由の補充反応を活性化する補酵素であるビタミン B_{12} の補給が必要となる。

DHA は認知能力の低下を防ぐだけでなく、DHA 代謝で生成するプロテクチン D_1 が脳海馬領域に集まり、アルツハイマー症で生成するアミロイド β42 の生成を抑制し、アミロイド β42 による脳細胞死を低減する。

中鎖脂肪酸はアセト酢酸などのケトン体を産生し、グルコース欠乏になったアルツハイマー症の神経細胞のエネルギー源となり、症状を改善する。

奇数脂肪酸、DHA および中鎖脂肪酸の代謝物質はそれぞれ神経細胞に対する作用点が異なり、症状改善や予防のために試してみる価値はあると思われる。

8-1-1　アルツハイマー症と脳のエネルギー代謝

アルツハイマー症について述べる前に、脳のエネルギー源について触れておきたい。脳のエネルギー源はグルコース（ブドウ糖）である。グルコースは血液に溶解した状態で運ばれている。血中のグルコースが不足すると、肝臓で脂肪酸が分解され、ケトン体となって脳神経細胞のエネルギーとして供給される。ケトン体に変換する理由は、脂肪酸のままでは血液－脳関門（blood-brain barrier, BBB）を通れないからである（図 4-3 参照）。もちろん、脳に必要なビタミン類やアミノ酸、酸素などはこの関門を通過している。ケトン体はグルコース不足時のいわば非常食のようなものである。

アルツハイマー症に罹りやすい熟年者の脳を健全な若年者の脳と比較してみると、熟年者の脳は 1) グルコースの利用効率が悪い。2) ビタミン B_{12} が少ない。3) 奇数脂肪酸が多い。などである。これらの特徴はエネルギー代謝に関連していることから、アルツハイマー症の発症原因の一つとして、脳神経細胞のエネルギー代謝機能の低下が指摘されている。

中高年になると人は皆、アルツハイマー症に罹ることを恐れている。アルツハイマー症とはどのようにして起きるのだろうか。病理的所見からみると、脳の神経細胞のエネルギー源となっているグルコースの利用効率が極端に衰え、細胞がエネルギー不足になり、機能不全に陥る状態といえる。そのような状況

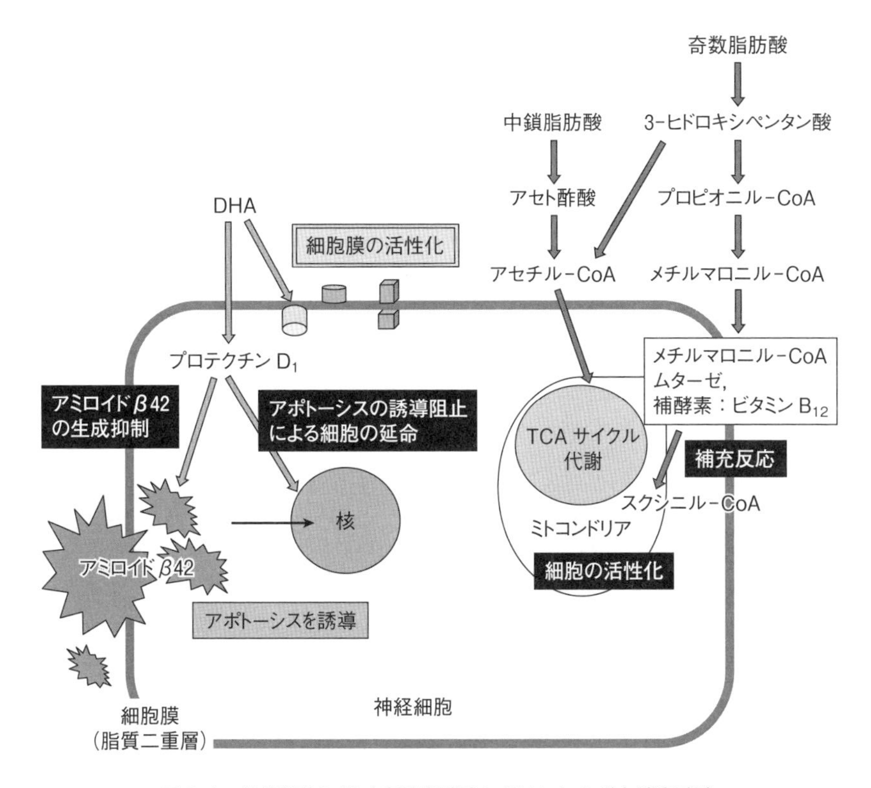

図 8-1　神経細胞に働く奇数脂肪酸と DHA および中鎖脂肪酸

では、おそらくケトン体が非常食として供給されていると思われる。しかし、ケトン体の量が十分ではないのかもしれない。奇数脂肪酸が代謝されてできる3-ヒドロキシペンタン酸などのケトン体、バリンやロイシンなどの分枝アミノ酸も供給されていると思われるが、ビタミンB_{12}不足から補充反応の機能が低下し、エネルギー化しにくいのであろう。その結果、生成しているメチルマロニル-CoAがプロピオニル-CoA経由で奇数脂肪酸の合成に使われ、奇数脂肪酸が多くなると考えられる。

脳の神経細胞の機能低下の結果、脳の大脳皮質や海馬領域の神経細胞外に、アミロイドβ-ペプチド（老人斑）が沈着し、また、細胞内でリン酸化τ（タウ）タンパク質が凝集体を作るという特徴を示す。神経細胞の外に蓄積したアミロイドβ42の一部は細胞内に取り込まれ、神経細胞を消滅させると云われている。海馬領域は記憶の中枢であり、アルツハイマー症における最初の病変が現れる部位である。近傍には嗅覚細胞などもあることから、嗅覚の衰えは海馬領域の機能低下の信号であり、アルツハイマー症の前兆かもしれない。

図8-1に、アルツハイマー症の発症メカニズムと、奇数脂肪酸・中鎖脂肪酸から生成するケトン体とDHAの作用点を示した。

8-1-2　アルツハイマー症を軽減する奇数脂肪酸と奇数鎖ケトン体

アメリカ連邦政府の支援を受けたベイラー研究所（Baylor Research Institute）の「アルツハイマー病と加齢脳に対する補充療法」という特許が2013年5月13日付けの公表特許公報（A）に掲載されている（特許公表2013-516416）。この実施例では、奇数炭素鎖の中鎖脂肪酸で構成されるトリヘプタノイン（グリセリン1分子に奇数脂肪酸であるヘプタン酸（C7）3分子がエステル結合したトリグリセリド）を体重kg当たり1～1.2 g（予想される必要カロリー量の約35 %）を用いて補充食療法することにより、アミロイドβ42の沈着を減少させ、それによって認知能力および自発運動能力が改善するというものである[41]。なぜこの療法に効果があるのかを考えてみる。

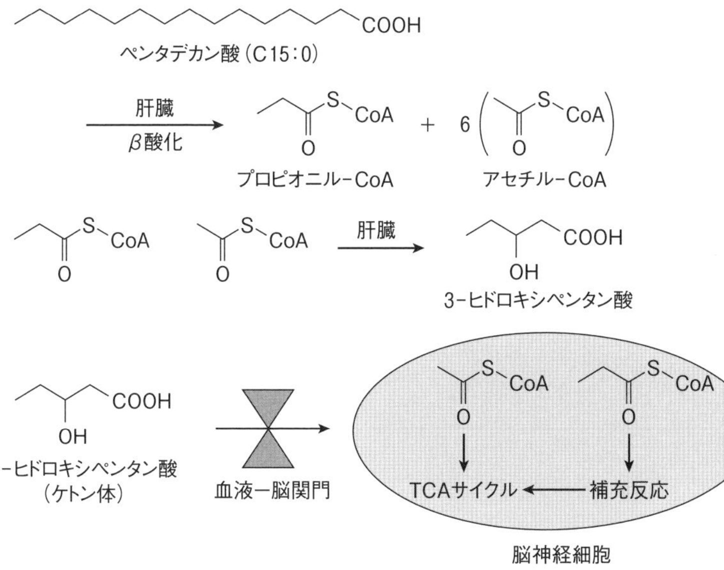

図 8-2　奇数脂肪酸の代謝（本図はペンタデカン酸の例）

体内に摂取されたトリヘプタノインはリパーゼで加水分解され、さらにβ酸化を受けてアセチル-CoA とプロピオニル-CoA になる（**図 8-2**）。これらが縮合してアセト酢酸、3-オキソペンタン酸や 3-ヒドロキシペンタン酸などのケトン体[42]となり、脳細胞に供給される。グルコースの利用効率が低下した脳細胞の非常食としての機能を果たしていると考えられる。さらに効果的にするためにビタミン B_{12} を併用すべきではないだろうか。

8-1-3　アルツハイマー症とビタミン B_{12} 欠乏

高齢者の脳はビタミン B_{12} の不足が原因で補充反応が機能低下し、奇数脂肪酸が溜まる。これは、高齢になると消化管からのビタミン B_{12} の吸収力が弱くなるからである[43]。また菜食主義者もビタミン B_{12} が不足しているようである。米国医学研究所（IOM）は、50 歳以上の成人はビタミンのサプリメント、あるいは栄養強化食品からビタミン B_{12} の大半を摂取することを推奨している[44]。

ビタミンB_{12}は水溶性のビタミンで、分子内にコバルト（Co）を持つ分子式$C_{63}H_{88}N_{14}O_{14}PCo$（モル質量 1355.38 g/mol）の暗赤色結晶性固体である。

さて、このようなビタミンB_{12}不足の脳では、ケトン体から生成するプロピオニル-CoAや、バリンやイソロイシンなどの分枝アミノ酸（BCAA）から生成するメチルマロニル-CoAが、スクシニル-CoAに変換されにくくなる。メチルマロニル-CoAからスクシニル-CoAへの変換を触媒するのはメチルマロニル-CoAムターゼという酵素で、ビタミンB_{12}を補酵素としている。したがって、ビタミンB_{12}不足ではメチルマロニル-CoA経由の補充反応が機能しなくなることになる（図2-3参照；p. 24）。また、メチルマロニル-CoAの過剰生成はフィードバック機能が働き、BCAAや奇数脂肪酸の蓄積、メチルマロン酸†の排泄などが起きると考えられている[45]。繰り返しになるが、トリヘプタノインと同時にビタミンB_{12}も摂取するのがよいと思われる。

また、アルツハイマー症で蓄積するアミロイドβ42の構成アミノ酸（**図8-3**）の25％がBCAAであるというのもビタミンB_{12}不足と何か関係があるのかもしれない。

Asp-Ala-Glu-Phe-Arg-His-Asp-Ser-Gly-Tyr-Glu-<u>Val</u>-His-His-Gln-Lys-<u>Leu</u>-<u>Val</u>-Phe-Phe-Ala-Glu-Asp-<u>Val</u>-Gly-Ser-Asn-Lys-Gly-Ala-<u>Ile</u>-<u>Ile</u>-Gly-<u>Leu</u>-Met-<u>Val</u>-Gly-Gly-<u>Val</u>-<u>Val</u>-<u>Ile</u>-Ala

アンダーラインは分枝アミノ酸（BCAA）
（Leu：ロイシン，　Val：バリン，　Ile：イソロイシン）

図8-3　アミロイドβ42アミノ酸配列

8-1-4　アルツハイマー症治療と中鎖脂肪酸とケトン体

中鎖脂肪酸は長鎖脂肪酸（炭素数13以上の脂肪酸）よりも肝臓で素早く代謝され、アセチル-CoAから多量のケトン体（アセト酢酸、β-ヒドロキシ酪酸な

---

†　メチルマロン酸：メチルマロニル-CoAの補充反応に関与するメチルマロニル-CoAムターゼの補酵素であるビタミンB_{12}が欠乏すると、補充反応が阻害され、メチルマロニル-CoAが代謝不活性なメチルマロン酸になる。

ど)を産生する。ケトン体は血液－脳関門を通過し、再びアセチル-CoAになって脳神経細胞のエネルギー源になる。中鎖脂肪酸がアルツハイマー症を改善するのは、奇数脂肪酸と同様に、細胞にグルコースの代わりのエネルギーを供給するからなのである。補充反応によるエネルギー生産やケトン体によるエネルギー供給でアルツハイマー症はかなり改善するようである。米国では、中鎖脂肪酸の一種であるオクタン酸（octanoic acid、C8の脂肪酸、通称名カプリル酸）のトリグリセリドがアルツハイマー症改善のための医療食として認可されているそうである。もし、オクタン酸を奇数脂肪酸であるヘプタン酸（C7の脂肪酸）かノナン酸（C9の脂肪酸）に変えれば、ケトン体の産生とプロピオニル-CoAによる補充反応の両方の効果が期待できると思われる。

8-1-5　アルツハイマー症と脳内のDHA、EPA

DHAやEPAもアルツハイマー症を改善すると云われているが、DHAやEPAは血液－脳関門を通過できるのであろうか。状況証拠からみると、DHAやEPAは血液－脳関門を通り、脳神経細胞に到達しているようである。なぜなら、DHAやEPAは細胞でα-リノレン酸から合成されるが、ヒトの細胞はα-リノレン酸を合成することができないため、外部から補給しなければならない必須脂肪酸なのである。したがって、DHAやEPAを合成するための原料となるα-リノレン酸は血液－脳関門を通して供給しなければならないことになる。つまり、特定の脂肪酸、おそらく、α-リノレン酸を含む高度不飽和脂肪酸は血液－脳関門を通して脳神経細胞に供給されていると考えるのが妥当ではないだろうか。このような仮説を証明した論文が2014年のNature[46]に掲載されている。その論文では、DHAは血液－脳関門の受容体を通して通過できると述べている。現在のところ、少なくともDHAは血液－脳関門を通過するようであるが、その他の高度不飽和脂肪酸についてはまだ不明のようである。

海馬領域の脳神経細胞にDHAやEPAが到達すると、細胞膜リン脂質に

DHAやEPAが組み込まれ、膜の流動性が高まり、機能が改善される。

Sanchez-Mejiaらは、アルツハイマー病のモデルマウスでは、発症部位である海馬領域の遊離アラキドン酸が特異的に増加し、その代謝産物（プロスタグランジンなど）も増加することを観察した。また、アラキドン酸代謝酵素の活性化はアミロイドβ42を増加させること、この酵素の阻害によって、マウスに学習・記憶の改善が見られることを報告[47]している。

アルツハイマー症の脳細胞中にはDHAが正常脳細胞の1/2以下しかなく、プロテクチンD_1も極端に少ないと云われている。DHAの投与によってできるプロテクチンD_1はアルツハイマー症を発症している脳の海馬領域に集まってくる[48]。また、海馬領域のアルツハイマー症細胞で生成するアミロイドβ42は、アポトーシス（細胞のプログラム死）を誘導する遺伝子を活性化し、細胞を自殺させるのであるが、プロテクチンD_1はこれを阻止し、細胞を延命させるだけでなく、アラキドン酸代謝産物の生成阻害によってアミロイドβ42の産生が抑制され、症状の改善につながる。

8-1-6　食習慣とアルツハイマー症

食事のパターンとアルツハイマー症の関係を調べた疫学的な研究から、DHA不足は認識能を低下させることが明らかにされている[49]。また、当たり前のことであるが、野菜や魚類をバランスよく摂ることが重要だということである。適量の赤ワインが種々の認知症予防に有効であり、喫煙は認知症の発症要因になる。つまり、日頃の食習慣が重要なのだと述べている。食習慣以外では、遺伝的要因もあると云われており、さらに高血圧、糖尿病、動脈硬化症との関連性も指摘されている。アルツハイマー症予防のためにも、これらの症状を改善しておくべきであろう。また、菜食主義の母親から生まれた新生児はビタミンB_{12}不足により、尿中のメチルマロン酸が増加するという報告もある。そのような新生児とアルツハイマー症とはどのように関連していくのであろうか。今後の研究が待たれる。

8-1-7　アルツハイマー症と長寿遺伝子

ヒトは高齢化するほど認知症の発症率が高くなるはずである。しかし、100歳を越えるような人達は80歳代の人達に比べて認知症になりにくいと云われている。例えば、100歳以上の人達の15～25％は認知症になっていない。認知症にならないから長寿なのか、長寿だから認知症になりにくいのかという因果関係は判定できないが、何らかの関係があるのかもしれない。

最近になって、両親が共に長寿だと子供はアルツハイマー症になりにくいという研究結果が出てきている[50]。内容は、ニューヨーク在住の424人の被験者をピックアップ（年齢は75～85歳で、調査時点で認知症になっていない人達を選んでいる）し、1980年から、1年～1年半毎に認知症検査を行い、23年間追跡調査を行ったというものである。両親のうち片親または両親が85歳以上生存していたグループ（長寿家系グループ）と、両親とも85歳になる前に亡くなっているグループ（非長寿家系グループ）に分け、アルツハイマー症や認知障害の発症頻度を調べた。被験者（424人）のうち長寿家系グループは149人（全体の35％）、非長寿家系グループは275人（65％）で、調査開始時点の平均年齢は両グループ共に79歳であった。追跡調査の結果、長寿家系グループの人達のアルツハイマー症の発生リスクは非長寿家系グループの発症リスクに比べ、統計的に有意に低いことが明らかにされた。また、長寿家系グループの人達は非長寿家系グループの人達に比べ、記憶力の低下速度が遅いという結果が得られたとも報告されている。

この結果は、我々のこれまでの経験から、受け入れられやすい結果だと思われる。特に、比較的若い年齢で認知症になる人達は遺伝的な要因があるように感じられるし、長寿の家系では認知症にならないか、あるいは90歳を過ぎても認知症に罹らず、記憶力も健在というお年寄り達を多く知っているからである。認知症だけでなく、がんに罹る長寿の方々も少ないのではないだろうか。認知症やがんに罹りやすい人達は長寿を保証する遺伝的要素はないようであるが、奇数脂肪酸、DHAそして中鎖脂肪酸を活用することで、認知症になるリスクを低減させていただきたいと思っている。

8-2　抗がん作用に関わる脂肪酸代謝

SUMMARY

炭素数15の奇数脂肪酸（ペンタデカン酸）が全ての脂肪酸の中で最も抗がん活性がある。理由はまだ十分には解っていないが、補充反応と関係があると思われる。ω3脂肪酸であるDHAやEPAはがん細胞の膜の性質を変え、がん治療薬に対する感受性を高める。また、DHAから産生するレゾルビンやプロテクチンは強い抗がん作用を示す。中鎖脂肪酸から生成しやすいケトン体の中のβ-ヒドロキシ酪酸はがん細胞の分裂速度を遅らせることで、がん細胞の増殖を抑制する。

8-2-1　がん細胞

がん細胞と正常細胞とはどこに違いがあるのであろうか。大きな違いは 1) がん細胞の細胞分裂速度が正常細胞より速い。2) がん細胞ではアポトーシス（細胞のプログラム死）が停止。3) がん細胞は単細胞だけで生存可能。4) がん細胞はエネルギー消費が多い。5) がん細胞は大量のCDC6 (Cell Division Cycle 6, 自己増殖シグナルペプチド) を分泌し続けるが、正常細胞は細胞分裂の一時期しか分泌しない等である。

8-2-2　奇数脂肪酸による効果

1993年に発表された奇数脂肪酸の抗がん作用に関する研究は奇数脂肪酸の機能を考える上で重要な示唆を与えてくれる[51]。実験は8週齢のマウスの腹腔にがん細胞を移植し、精製したC6:0からC24:0までの偶数および奇数の脂肪酸を一日当たり5 mg投与して、その効果を調べたものである。がん細胞を移植されたマウスは移植後平均11日で死亡したが、がん細胞移植直後から脂肪酸を投与した群では、炭素数の増加と共に生存期間が長くなり、C15:0で最

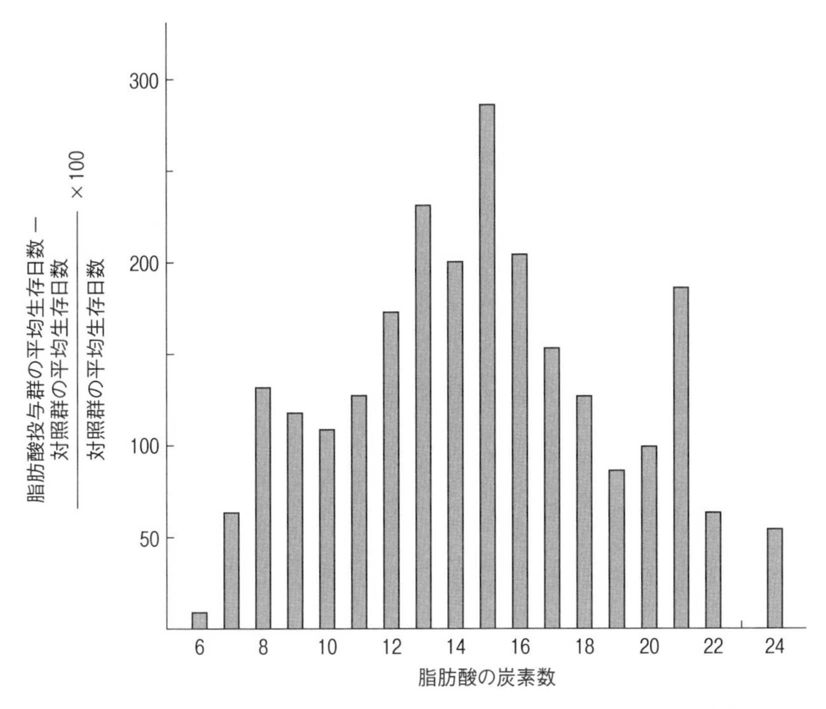

図 8-4　腹腔にがん細胞を接種後に各種飽和脂肪酸を投与した場合の延命率
〔文献 [51] のデータを棒グラフ化した〕

大 42.2 日まで延命した。C15:0 より炭素数が長くなるにつれて延命効果が失われ、C24:0 では 17.2 日となった。また、C16:0 の場合は 35.2 日と、C15:0 に比べ有意に低い値を示した。同様の結果は C13、C21 などの奇数脂肪酸でもみられた。奇数脂肪酸は、隣り合った偶数脂肪酸 (C13:0 の場合は C12:0 と C14:0、C15:0 の場合は C14:0 と C16:0、C21:0 の場合は C20:0 と C22:0) に比較して高い抗がん活性を示した (**図 8-4**)。牛乳や微生物がつくる奇数脂肪酸の中で最も多いのが C15:0 だというのも偶然であろうか。磯田らは、C15:0 の融点が C16:0 より低いことが細胞膜構造のみだれを導き、それが抗がん活性の理由ではないか、と考えている。もう一つ考えられることとして、奇数脂肪酸と偶数脂肪酸の代謝の違いがある。偶数脂肪酸はアセチル-CoA になり、主にATPを産生するだけであるが、奇数脂肪酸の場合は、アセチル-CoAとプロピオニル-CoAを生じる。プロピオニル-CoAが関与する補充反応を経由して産生するGTPは、細胞内のシグナル伝達を通して細胞機能の活性化に関係している。この代謝の違いが奇数脂肪酸の抗がん活性の違いとして現れたのではないか。いずれにしても、奇数脂肪酸のペンタデカン酸（C15:0）の抗がん活性は、飽和脂肪酸やDHAなどの高度不飽和脂肪酸を含む全ての脂肪酸の中で抜きん出ている。

8-2-3　β-ヒドロキシ酪酸による細胞分裂速度の低下

本節の冒頭で「がん細胞の細胞分裂速度が速い」と述べたが、細胞分裂の速さは何に起因しているのであろうか。細胞は分裂する時、染色体が最初に複製される。染色体はDNAとヒストンタンパク質の複合体である。細胞の分裂速度は、ヒストンのアセチル化と関係しており、アセチル化が進行すると分裂速度は遅くなり、進行が阻害されると分裂速度は速くなる（詳しくは第4章4-3-3項を参照していただきたい）。アセチル化の進行を阻害する酵素として脱アセチル化酵素があるが、β-ヒドロキシ酪酸はこの酵素の活性を阻害し、結果的に細胞分裂を遅くすることが知られている。β-ヒドロキシ酪酸は中鎖脂肪酸から合成されるケトン体であり、これを抗がん剤として使うことが検討されているそうである。

8-2-4　DHAとEPAの抗がん作用

DHAの抗がん作用についてインターネットで検索すると、医師、サプリメント会社などのWebサイトから、山のようにでてくる。これらを整理してみると、ω3脂肪酸による1）がん細胞の増殖抑制、2）がん細胞の転移抑制、3）腫瘍血管新生の抑制、4）がん細胞のアポトーシスの復活、5）がん治療薬に対する感受性の亢進、そして、6）がんに罹りにくい体質にする、に分類できる。では一体どの程度の量のDHAやEPAを摂取すれば、そのような効果が期待できるか、という疑問に答える論文がある。その論文によると、少なくとも一日当たり1.0 g の EPA および0.8 g の DHA を日常的に摂取することが望ましいとのことである[2]。わが国の厚生労働省の指針でもこれと同程度であり、DHA を一日当たり 0.6～1.0 g 程度摂取することが望ましいとされている。この量の DHA や EPA を摂取すると、代謝の速いがん細胞の細胞膜を構成するリン脂質の脂肪酸が DHA に置き換わり、膜にあるイオンチャネル、各種の受容体、シグナル伝達系に変化が起こる。この結果、がん治療薬に対する感受性が高められる[52]。

細胞内に入った DHA や EPA[53] は次の３つの働きをする。1) シクロオキシゲナーゼ２(COX2) の作用でできるアラキドン酸代謝物質の生成を抑制することで、がん細胞の増殖と血管新生を低減させる。2) AP-1 (Activator Protein-1、転写因子) とがん遺伝子の発現を抑える。3) 停止状態だったがん細胞のアポトーシス機能を回復させる。これらの活性には、DHA と EPA がレゾルビンやプロテクチンに変換される反応が含まれ、がん細胞に作用したものと思われる[54]。レゾルビンとプロテクチンの機能は抗炎症性脂質メディエーターであり[55]、ω6 脂肪酸であるアラキドン酸の代謝産物が、がん化を引き起こす起炎症性脂質メディエーターとなるのとは逆の機能であることが示されている。

8-3　２型糖尿病の軽減と脂肪酸代謝

SUMMARY

２型糖尿病は膵臓のインスリン分泌細胞のエネルギー代謝不良が原因の一つかもしれない。

奇数脂肪酸による補充反応で正常なエネルギー代謝を回復できる。疫学調査により、乳製品摂取が予防になることが明らかにされている。

一方、DHA の場合、DHA が腸管細胞の受容体に結合して、インスリン分泌ホルモンを放出させ、膵 β 細胞の受容体に結合してインスリンを放出させる。インスリン放出には cAMP や ATP が必要になる。

8-3-1　糖尿病

高い血糖値が続くと、その値を下げるために膵臓のランゲルハンス島のβ細胞からインスリンが分泌され続ける。生活習慣による2型糖尿病はこのインスリン分泌細胞が機能低下を起こしたことによるインスリンの分泌不足が原因である。もっと詳細に云えば、健常者では膵β細胞に入ったグルコースが解糖系を経由し、TCA サイクルで NADH がつくられ、ATP の産生につながるが、2型糖尿病患者では TCA サイクルの機能が十分に機能しなくなり、ATP 産生能が低下する。その結果、ATP 依存性カリウムチャネルが機能しなくなり、インスリンが分泌できなくなると云われている[55]。

8-3-2　奇数脂肪酸による効果

ところで、奇数脂肪酸がこの2型糖尿病の改善に役立つという報告[56]がある。この報告書は EPIC 事業（European Prospective Investigation into Cancer and Nutrition）の一環で、50人近い著者による膨大なものである。

ヨーロッパの住民から12,403人の2型糖尿病患者と、調査登録者から抽出された健康な成人16,154人を対象に、血液中の飽和脂肪酸と2型糖尿病との関係が調べられた。その結果、奇数脂肪酸のペンタデカン酸（C15:0）やヘプタデカン酸（C17:0）は、2型糖尿病の発症リスクをそれぞれ21％と33％低下させるという結果が示された。この報告は、奇数脂肪酸のβ酸化で生成するプロピオニル-CoA 経由の補充反応が関与していることを示している。一方、偶数の飽和脂肪酸はパルミチン酸（C16:0）で26％、ステアリン酸（C18:0）で6％、それぞれ糖尿病の発症リスクを上昇させるという結果も示された。血中の奇数脂肪酸と食品から摂取する奇数脂肪酸量との関係を見ると、乳製品が最も高い相関が得られている。また、発症リスクを上昇させる血中の偶数脂肪酸の濃度と相関の高い食品はアルコール、ソフトドリンク、ポテトチップスやフライドポテトであった。牛乳中には C15:0 や C17:0 などの奇数脂肪酸はそれほど多く含まれているわけではないことから、チーズなどの発酵乳製品中に多く含まれているプロピン酸などの揮発性奇数脂肪酸と 2 型糖尿病の間にも関連があるのであろう。大量に乳製品を摂取している人々が 2 型糖尿病になりにくいという結果である。

いずれにしても、食品面からみた 2 型糖尿病の予防には、アルコールをひかえ、チーズなどの乳製品を摂ることがよいという結果であるが、この結果は、ウイスキーの代わりにお茶を飲みながら、チーズを食べなさいという、酒飲みにはかなりつらい予防法ということになるようである。

8-3-3　DHA による効果

一方、DHA の場合、腸管上皮の L-細胞の受容体に DHA が結合して [57]、GLP-1（グルカゴン様ペプチド-1）が分泌される [58]。GLP-1 が膵 β 細胞の GLP-1 受容体に結合する [59] ことにより、グルコース代謝から ATP が作られ、この ATP を利用して cAMP（サイクリック AMP）の産生と細胞内カリウムイオン（K^+）が細胞外に出るチャネルを閉じる。すると、細胞の内と外の電位差ができる。電位差が生じるとカルシウムイオン（Ca^{2+}）チャネルが開き、細胞外のカルシウムイオンが細胞内に流入する。細胞内カルシウムイオンの濃度が高くなると、インスリン顆粒からインスリンが血中に放出される。この放出には cAMP が関与する。これが DHA 関与のインスリン分泌促進作用の概略である [60, 61]。これらをまとめて**図 8-5** に示した。カルシウムイオンがなぜインスリン顆粒を放出させるのかということに関してはまだ文献が見つからないが、おそらくアレルギー反応のヒスタミン放出と同様に、カルシウムイオンによってホスホリパーゼ A_2 が活性化し、生成するリゾリン脂質がインスリン顆粒を放出するものと考えられる。

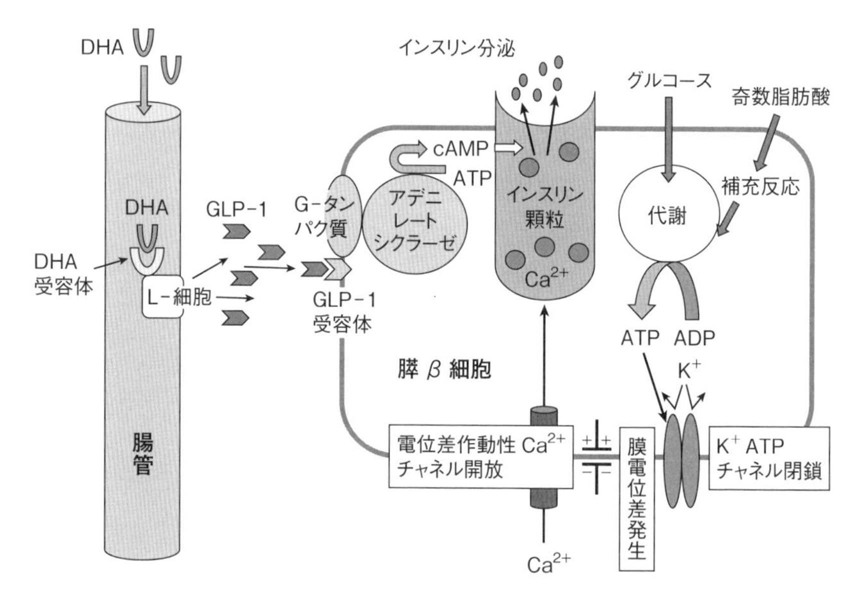

図8-5　インスリン分泌のメカニズムと奇数脂肪酸および DHA の役割

まとめると、奇数脂肪酸はプロピオニル-CoA 経由の補充反応による ATP 生産の促進、DHA はこの ATP を使ってインスリンの放出という別々の機能が働いている。したがって、2型糖尿病予防にあたっては、奇数脂肪酸と DHA を摂取することが望ましいことになる。

8-4　育毛作用と奇数脂肪酸

SUMMARY

毛母細胞が疲弊して発（育）毛機能が働かなくなって禿げになる。奇数脂肪酸を供給すると、補充反応経由で細胞が活性化し、発（育）毛機能が回復する。

奇数脂肪酸であるペンタデカン酸（C15:0）のグリセリンエステル（グリセリ

ド）は毛母細胞のATP濃度を上昇させ、細胞を元気にするという報告がある[62]。奇数脂肪酸は細胞内で代謝され、プロピオニル-CoAから補充反応を経由してTCAサイクルに入ってNADをNADHに変換し、ATPを産生する。また、スクシニル-CoAからコハク酸（succinic acid）に変換される過程でGTPを産生する。この補充反応によって、毛母細胞が活性化し、発（育）毛機能を回復させるという。とすると、毛母細胞がくたびれてエネルギー不足になることが禿げの原因の一つであることになる。もちろん、ホルモンの影響も大きいと思われるが、毛母細胞を元気にすることも重要になると考えられる。

コハク酸、α-ケトグルタル酸、クエン酸、マロン酸、オキサロ酢酸、リンゴ酸などのTCAサイクルを構成する有機酸を細胞に添加すると、コハク酸添加によるATP産生が他の有機酸添加の2倍近く高いことが示された。つまり、プロピオニル-CoA関与の補充反応がATP産生においても効率がよいということを示す結果である。

8-5　心臓疾患の症状軽減と奇数脂肪酸

SUMMARY

奇数脂肪酸が心臓疾患の症状を軽減するという報告があるが、奇数脂肪酸を投与する前に、心筋細胞のエネルギー供給系（TCAサイクル）の機能に関連する検査を十分に行う必要がある。

心臓疾患の原因には、心筋細胞のエネルギー代謝障害の場合が多いと云われている。そのため、グルコースなどの炭水化物や長鎖の脂肪酸を投与してエネルギー生産を高めることが試みられてきた。しかし、詳細な研究では、TCAサイクル（図2-3）を構成する中間代謝物の濃度のアンバランスによる機能亢進や機能低下も考慮する必要があることが分かっており、そのような治療法が求められている。健康であれば、TCA サイクルの中間代謝物の濃度が適正に維持されていることでエネルギー生産がスムースに行われる。

また、別の治療法として、奇数脂肪酸による補充反応を用いて直接 TCA サイクルに代謝中間体を送り込む方法も行われた[63]。TCA サイクルの機能が不完全な場合であれば、プロピオニル-CoA 経由の補充反応の活性化が妥当か否かを知るために、中間代謝物の濃度をモニタリングすることが必要になる。もちろん、メチルマロニル-CoA をスクシニル-CoA に変換する酵素であるメチルマロニル-CoA ムターゼとその補酵素であるビタミン B_{12} が十分にあって、それらが問題なく機能することが前提である。奇数脂肪酸の投与で心臓疾患が改善するという報告もみられる[64]が、事前の十分な臨床検査が必要ということのようである。

8-6　アレルギー反応と DHA の代謝

SUMMARY

アレルギー反応は ω6 脂肪酸であるアラキドン酸の代謝で生成するプロスタグランジンやロイコトリエンなどの起炎症性物質が関与する。細胞からのヒスタミン放出に、リン脂質の分解でできるリゾホスファチジルセリンも関与する。DHA が代謝されてできるプロテクチン D_1 は、炎症収束促進や炎症を引き起こす細胞の浸潤を抑制するので、アレルギー反応が軽微で速く収束することになる。

8-6-1　アレルギー

マスト細胞（肥満細胞）から放出されるヒスタミンが関与するアトピーや、免疫グロブリン（IgE）関与の1型アレルギー反応によって引き起こされる全身性のアナフィラキシー、蕁麻疹（じんましん）等の炎症反応には、抗原と IgE の結合体がマスト細胞を活性化するものと、デキストランなどがマスト細胞を直接活性化するアナフィラキシー反応の2つのルートがある。

マスト細胞の活性化に至るルートは様々であるが、その後のルートは同じである。まず、マスト細胞が活性化されると、細胞外のカルシウムが細胞内に流入し、細胞膜にあるホスホリパーゼ A_2（リン脂質分解酵素）が活性化して、細胞膜のリン脂質二重層の細胞質側にあるホスファチジルセリンやホスファチジルエタノールアミンなどのリン脂質からアラキドン酸（ω6 の C20:4 の脂肪酸）が遊離する。アラキドン酸は代謝されてプロスタグランジン D_2（PGD_2）、ロイ

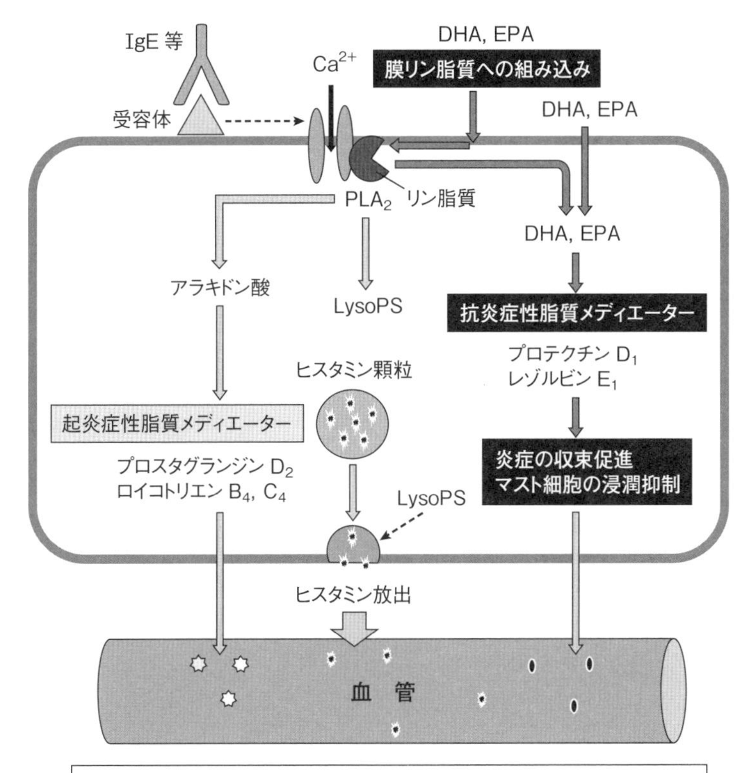

図 8-6　アレルギー反応のメカニズムと DHA の作用

コトリエン B_4 (LTB_4)、LTC_4 などの脂質メディエーターの他、多様なサイトカインやケモカインが数時間の間に合成されて細胞外へ放出される。

一方、ホスホリパーゼ A_2 でアラキドン酸が外れたリゾホスファチジルセリン[65]は界面活性作用の強い物質であり、リン脂質二重層でできている顆粒膜と細胞膜の一部に孔を開け、ヒスタミンや脂質メディエーターを血流に乗せて運ぶ。以上がアレルギー反応におけるヒスタミン遊離のメカニズムである（**図8-6**）。また、マスト細胞の成熟に関与するのも細胞間で働くホスホリパーゼ A_2 であるとの報告も見受けられる[66]。

8-6-2　DHA による効果

さて、DHA の摂取はどのように影響するのであろうか。体内に入った DHA や EPA の一部は、ホスファチジルセリンなどのリン脂質に結合しているアラキドン酸と置き換わる。ホスホリパーゼ A_2 によって DHA が遊離し、代謝を受けて、プロテクチン D_1 を生成する[6]。プロテクチン D_1 は炎症の収束促進やマスト細胞の浸潤を抑制すると云われている。

このように述べると、アラキドン酸の代謝で生成するプロスタグランジンやロイコトリエンは悪者のような扱いになってしまうが、これらの脂質メディエーターは血小板が凝集するのを防ぐ作用、血圧調節、睡眠の誘導や痛みの誘発など多様な機能を持ち、生命維持や代謝の恒常性維持に寄与している。したがって、過大評価されがちな ω3 脂肪酸の DHA、EPA と悪者扱いされがちな ω6 のアラキドン酸はともに重要な脂肪酸であり、これらをバランスよく摂取することが大切なのである。

8-7 血中コレステロール低下とDHAの関連性

SUMMARY

DHAは血中の悪玉コレステロールを低下させるというデータと、低下させないというデータがある。より詳細で大規模な研究が必要である。

通説として、「DHA、EPAは血中コレステロールを低下させる」あるいは「DHAは悪玉コレステロール(LDL)を低下させるが、善玉コレステロール(HDL)は低下させない」などの宣伝文句でDHAサプリメントが販売されている。本当だろうか。もし本当なら、どのようなメカニズムでコレステロールが低下するのだろうか。ある公益社団法人のホームページのQ and Aで「EPAやDHAはコレステロールを下げるということを耳にすることや、見ることがありますが、本当でしょうか」という質問の答えとして、「現在のところ、EPAやDHAの冠状動脈疾患に対する有効性が示唆されているものの、コレステロール低下効果に限定してうたうほどの根拠はみあたりません。例えば、血中コレステロール値の高い集団が魚油を1日当たり5g(EPA:0.93g、DHA:0.79gを含む)摂取し続けたところ、約1か月後には総コレステロールが14%、LDLコレステロールが16%増加したという報告もあります。EPAやDHAだけでLDLコレステロールを下げようと考えずに、食事を見直しましょう。」[67]との回答がある。

その一方で、DHAはLDL値を低下させるという研究論文もある。ラットを用いた実験で、飽和脂肪酸:一価不飽和脂肪酸:高度不飽和脂肪酸の比率が1:1:1になるように食餌脂肪を調製した。高度不飽和脂肪酸の内訳として、10%はω3、23.3%はω6脂肪酸であり、これにDHAを加えて100%にした飼料と、DHAをEPAまたはα-リノレン酸(ALA)に変えた飼料の3種類を用意し、飼育した。血漿および肝臓の脂質を測定した結果、血漿および肝臓のコレステロール値は、3種類の飼料の中で、DHAを摂取した場合が最も低下した。これらの結果は、ω3の中でもDHAは、EPAやALAとは異なる脂質代謝を行うことを示唆していると述べている[68]。

DHAのコレステロール値低下作用を明らかにするには、年齢、性別、生活習慣などの異なった多くの被験者のデータが必要であろう。そして、コレステロール値低下のメカニズムの解明、つまり、なぜコレステロール値が低下するのかという理屈を明確にすることが必要となる。

8-8　循環器系疾患の改善に関わるDHA

SUMMARY

DHA摂取によって血管の細胞膜の流動性が増加し、細胞機能が活性化される。動脈硬化で傷ついた血管細胞は、DHA由来の脂質メディエーターの抗炎症作用で修復される。

8-8-1　動脈硬化

動脈硬化は次のようにして起こる。傷ついた血管内皮細胞にLDL（低密度リポタンパク質；悪玉コレステロール）が入り込むと、血液中の活性酸素で酸化され、酸化LDLが生じる。この酸化LDLを除去するためにマクロファージが血管内皮細胞に入り込み、酸化LDLを取り込んで浸潤し、炎症反応を起こす。炎症反応にはプロスタグランジンE_2やトロンボキサンA_2が関与する。そこにさらに活性酸素による酸化とカルシウムなどが沈着し、血管が硬くなる。また、マクロファージの沈着は血管の内腔側に柔らかいこぶをつくり、これが破れると、止血のため血小板やフィブリンが集まるのであるが、結果として血栓となり、血管が閉塞して血流が途絶えると心筋梗塞を起こすことになる。また、小さな血栓が剥がれ、血流に乗って脳などに運ばれ、脳血管を塞ぐと脳梗塞と

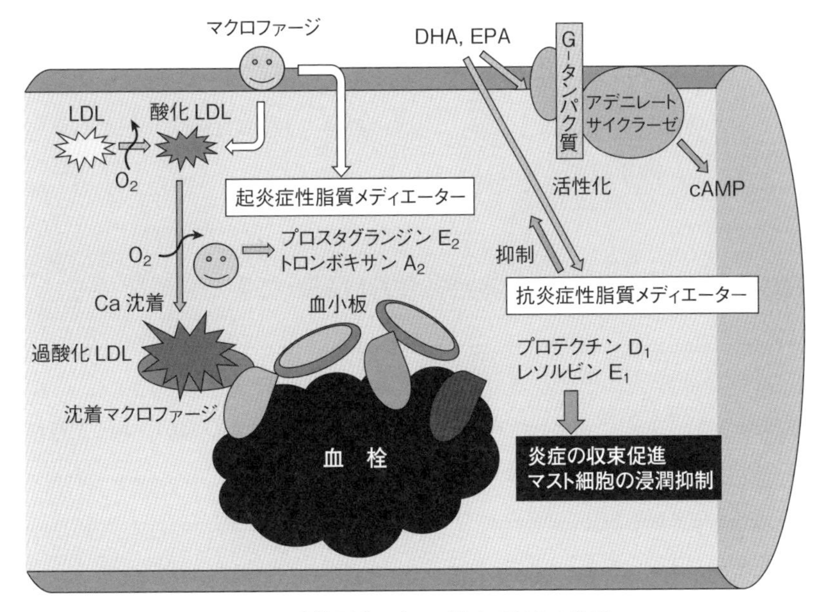

図 8-7　血栓形成メカニズムと DHA の作用

なる（**図 8-7 左**）。

8-8-2　DHA による効果

DHA は −44 ℃ にならないと凝固しない脂肪酸である。粘度も低いことから、サラサラ油と呼ばれている。この DHA を摂取すると、赤血球膜の変形能が増大し、細い血管にも入りやすくなる。血管を構成する細胞の細胞膜の流動性が高まり、細胞膜に分布している各種の受容体や G-タンパク質、酵素（例えば、cAMP を作るアデニレートサイクラーゼ）が活性化しやすくなる。つまり、細胞が活性化されることになる。

また、DHA や EPA を摂取するとリン脂質のアラキドン酸と入れ替わり、アラキドン酸の濃度は相対的に下がる。結果的に、アラキドン酸の起炎症性代謝物質であるプロスタグランジンやトロンボキサン、ロイコトリエンなどの生成を抑制するだけでなく、DHA や EPA もレゾルビン E_1 やプロテクチン D_1

などの抗炎症性代謝物を生成[69, 61]するので、炎症の収束を促すことになる。さらに、好中球や白血球の浸潤を抑制するように働く（**図8-7右**）。このようにして、プロテクチンD_1やレゾルビンE_1は傷ついた血管細胞で起きる炎症を素早く修復し、動脈硬化になりにくくしている。

8-9　うつ状態を改善するというDHAの効果の信頼性

SUMMARY

現段階では、DHAにうつ状態を改善する効果があるとは言い難い。もっと信頼性の高いデータの蓄積が必要である。

サプリメントを供給している会社のホームページでは、DHAのうつ改善効果は疑う余地のない事実とされているが、決めつけた説明をしているものが多い。根拠となっているのは 1）魚の消費が多い国の人々ほどうつ病の発症率が低い。2）ω6のアラキドン酸の摂取量がω3のDHA、EPAの摂取量より多いほどうつ状態の程度が強い。3）魚を普段から食べている国の自殺率はそうでない国より低い。4）「キレやすい人」の血中のDHAが少ない、というものである。また、うつ状態とDHAに関する論文の中から、DHAはうつ状態を改善するというものだけをピックアップして、DHAが有効であるとする説をたてている場合もある。

2010年のアメリカの臨床栄養学会誌の論文に興味を引く内容が掲載されている。この論文では、ω3脂肪酸摂取とうつ状態との関連を調べた1990～2009年までの論文を多数集め、統計的解析を行っている[70]。ω3脂肪酸を摂取するグループと摂取しないグループを比較する「ランダム化比較試験（RCT）」についての論文の中から、科学的に妥当な一定の基準を満たした35編の最近の論文を抽出し、解析した。もちろん、論文ごとに試験でのω3脂肪酸の摂取量や被験者の人数は異なるが、大まかに見ることで一定の傾向が現れてくる。それは、うつ状態の改善や予防効果が高いという結果ほど被験者が少なく、標準偏差が大きいということである。つまり、信頼性の低い試験と評価された。逆に信頼性の高い試験では「DHA にうつ状態改善の効果はない」という結果が多いという事実がある。

では、どうしてうつ病に効果があるという結果を導き出したのであろうか。「はじめに結論ありき」の研究になっているだけでなく、著者のアップルトンらが述べているように「出版（公表）バイアスがある」のかもしれない。「出版（公表）バイアス」というのは、否定的な内容を示す研究は、肯定的な内容を示す研究に比べて公表されにくいというバイアス（偏り）のことをいう[71]。このバイアスを統計処理によって明らかにするのがファンネル・プロット（Funnel Plot）である。ファンネル・プロットは治療薬の効果や治療法の有効性・安全性の検証に用いられている手法である。もし、バイアスの無いデータが公表されていたならば、ファンネル・プロットは横軸のゼロ（0）を中心に対称性を示すはずである。しかし、アップルトンの論文の図 2（**図 8-8**）のよう

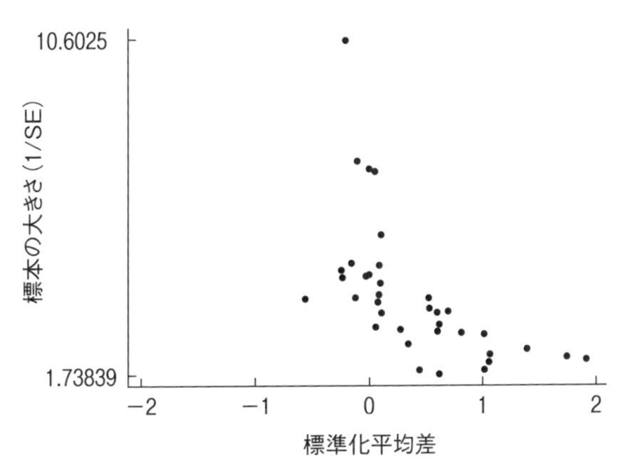

図 8-8　非対称性を示すファンネル・プロット
ω3 脂肪酸の抗うつ病効果に疑義があることを示す.
〔文献 [70] より転載〕

にファンネル・プロットが非対称な場合、出版（公表）バイアスがある可能性が高いといえる。このように、ω3脂肪酸の効果には「バイアス」がはっきりと見受けられる。つまり、現時点ではDHAにうつ状態改善や予防の効果が認められるとはいえないということになる。より多くの信頼性の高い試験データを積み重ねることによって、はっきりとした結論が得られることになる。

少し本題からずれるが、本来ならば、信頼性の低い試験データは論文として掲載すべきではないのであるが、世界中の研究者から論文掲載への要望が強く、なかには再現が不可能な偽科学的な論文を掲載する雑誌もあるようである。

8-10 視力回復とDHA

SUMMARY

DHAの代謝で合成されるプロテクチンD_1は、酸化ストレスに対応しているだけでなく、視細胞やRPE細胞の機能維持にも働いている。DHAはビタミンAと共に視覚における重要な物質であることを示している。

煮魚の頭が一番美味しい部位だという魚好きが日本人に多いように思う。そんな日本人の中で眼球を好む人も多いように感じている。眼球の後ろにはドロッとしているところがあって、そこはDHAが多いと云われている。網膜の脂肪には約50～60％のDHAが含まれている。魚好きな人は無意識のうちにDHAの補給を心がけているのであろうか。視神経を通じて視覚情報を脳に伝える仕組みは、脳の情報伝達の仕組みと同じである。血液と網膜との物質授受にも関門があり、血液－網膜関門[用語20]と呼ばれている。DHAは血液－網膜関門も通過できる物質とされている。ここでも脳の神経細胞膜のように直接、網膜細胞を柔らかくする働きによって、網膜の反射機能を高めて、視力回復に役立つことが期待されている。

網膜色素上皮細胞（Retinal Pigment Epithelium : RPE 細胞）は網膜の最も外側の層を覆う組織で、内側に神経網膜、外側に脈絡膜が配置されている。RPE 細胞は、メラニン色素を含み、網膜内に入る余分な光を吸収し、散乱を防ぐなどの機能を持つ。また、内側にある光受容体細胞を保護するために活発に活動している。これらの細胞膜は高濃度の DHA を含んだリン脂質でできている。

RPE 細胞と光受容体細胞は常に高酸素と日中の強い光にさらされるという環境にある。このような環境では、レチナール（ビタミン A）の分解、脂質の過酸化、細胞ダメージ、黄斑部のタンパク質の酸化物が蓄積する黄斑変性症が高齢者に頻繁に起きているのである。このような状況に対して、細胞自身が代謝機能を発揮してこれらのストレスに立ち向かっているのである[69]。例えば、細胞機能を保持する機能を持つ抗酸化物質（ビタミン E など）がある。また、DHA の代謝で合成されるプロテクチン D_1 は、酸化ストレスに対応しているだけでなく、視細胞や RPE 細胞の機能維持にも働いている。プロテクチン D_1 だけでなく、リポキシゲナーゼによって何種類もの DHA 由来の脂質メディエーターが合成され、これらの脂質メディエーターによっても RPE 細胞や視細胞が守られている。DHA はビタミン A と共に視覚における重要な物質なのである。

第９章　機能性脂肪酸を生産する生物資源

9-1　奇数脂肪酸とDHAの両方をつくる微生物

SUMMARY

オーランチオキトリウムという増殖の速い微細藻類の増殖期が終った直後の細胞の脂肪には、25％の奇数脂肪酸と40％のDHAが入っている。

奇数脂肪酸とDHAの相乗効果で細胞が活性化する。奇数脂肪酸であるペンタデカン酸（C15:0）とDHAは、哺乳動物細胞やオーランチオキトリウムの細胞の増殖を促進する。両脂肪酸の併用は相乗的に働く。

私たちヒトを含む哺乳類はいろいろな脂肪酸を作り、その機能を利用して生活している。ヒトの表皮からは、いわゆる通常の脂肪酸（偶数脂肪酸）の他に分枝脂肪酸（メチル側鎖脂肪酸）や奇数脂肪酸が分泌されている。偶数脂肪酸は表皮の健康を保つ常在菌の餌として利用され、分枝脂肪酸や奇数脂肪酸は常在菌以外の微生物が皮膚で増殖するのを防いでいる。また、脳でも奇数脂肪酸やヒドロキシ基（OH）の入った脂肪酸が作られている。

微生物の培養で奇数脂肪酸が関与する現象がある。ラビリンチュラと呼ばれる海産の従属栄養生物の一種である、オーランチオキトリウム（*Aurantiochytrium*）という真核単細胞生物がいる（**図9-1**）。オーランチオキトリウムは遺伝子的には褐藻類（コンブなど）に近い微生物であるが、極めて増殖が速く、海洋生物における食物連鎖ピラミットでは最底辺に位置する直径5～10ミクロン（μm）程度の球形微生物である。この生物の脂肪酸の主要分子は、DHA（C22:6）やEPA（C20:5）などの高度不飽和脂肪酸と、飽和脂肪

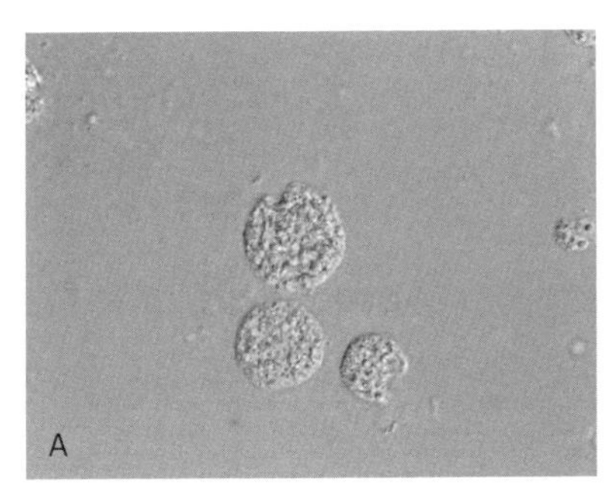

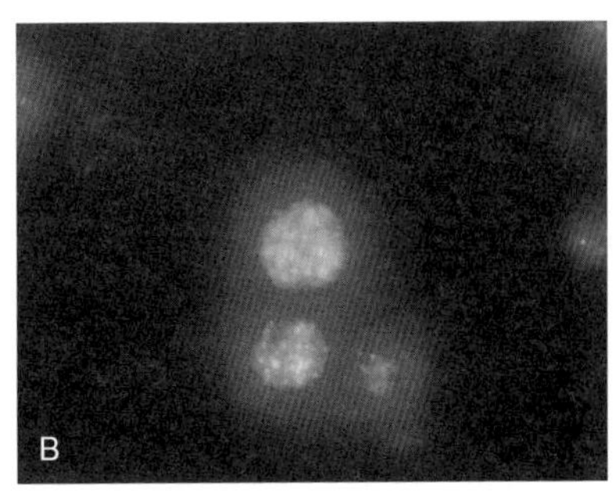

図 9-1　オーランチオキトリウム（*Aurantiochytrium* sp. SA-96）
A：光学顕微鏡像　B：ナイルレッド染色による蛍光顕微鏡像（白く見える部分が中性脂肪）

酸であるパルミチン酸（C16:0）、細胞の増殖時期に一時的に多くなる奇数脂肪酸のペンタデカン酸（C15:0）である（**図 9-2**）†。

微生物の培養では、ラグ・フェーズ（lag phase）と呼ばれる準備期、細胞が急激に増殖する対数増殖期（logarithmic phase）、細胞増殖が停止する静止期（stationary phase）、そして細胞が死に始める死滅期（death phase）に分けられる（**図 9-3**）。オーランチオキトリウムでは準備期から死滅期までの期間は約 7 日である。準備期から死滅期にいたる各ステージの脂質をリン脂質とトリグリセリドに分けて各脂質の量を経時的に調べたところ[72]、細胞膜を構成するリン脂質は乾燥細胞重量当たり 4％前後で、ほとんど変動は見られなかった。一方、トリグリセリドの量は徐々に増加し、対数増殖期の終わり、つまり、静止期の始めでピークを迎えた（**図 9-4**）。

また、脂肪酸分子種の経時変化を細胞の乾燥重量当たりで調べてみると、リン脂質の脂肪酸組成には大きな変化は見られなかったが、トリグリセリドでは変化が見られた（**図 9-5**）。対数増殖期に入ると同時に、奇数脂肪酸のペンタデカン酸（PDA）と DHA が増加し始め、対数増殖期の末期（静止の初期）にこれらの脂肪酸量が最大となった。その後、ペンタデカン酸と DHA は静止期の

† 青魚に含まれる DHA は、オーランチオキトリウムの DHA が生物濃縮されたものである（第 3 章 3-1 節参照）。

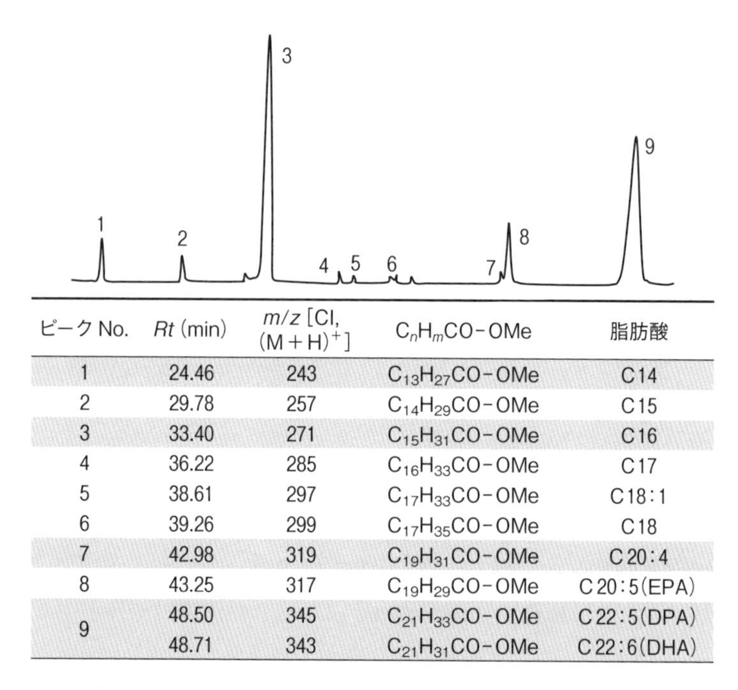

ピーク No.	*Rt* (min)	*m/z* [CI, (M + H)$^+$]	C_nH_mCO-OMe	脂肪酸
1	24.46	243	$C_{13}H_{27}CO$-OMe	C14
2	29.78	257	$C_{14}H_{29}CO$-OMe	C15
3	33.40	271	$C_{15}H_{31}CO$-OMe	C16
4	36.22	285	$C_{16}H_{33}CO$-OMe	C17
5	38.61	297	$C_{17}H_{33}CO$-OMe	C18:1
6	39.26	299	$C_{17}H_{35}CO$-OMe	C18
7	42.98	319	$C_{19}H_{31}CO$-OMe	C20:4
8	43.25	317	$C_{19}H_{29}CO$-OMe	C20:5(EPA)
9	48.50	345	$C_{21}H_{33}CO$-OMe	C22:5(DPA)
	48.71	343	$C_{21}H_{31}CO$-OMe	C22:6(DHA)

図 9-2　オーランチオキトリウムの脂肪酸の GC/MS による同定

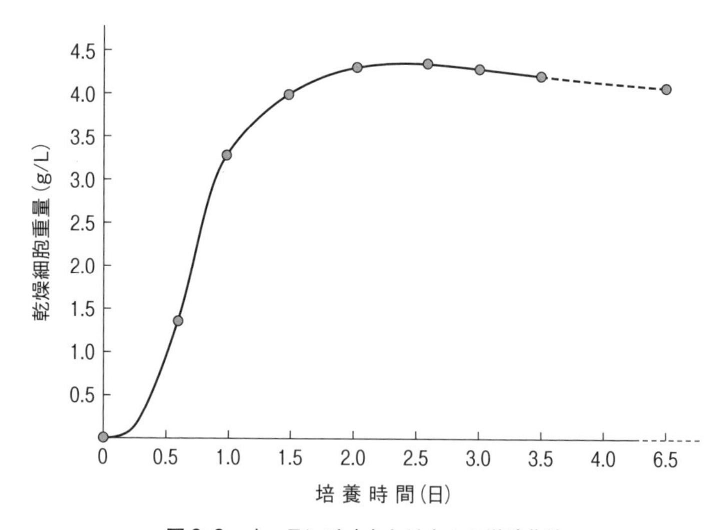

図 9-3　オーランチオキトリウムの増殖曲線

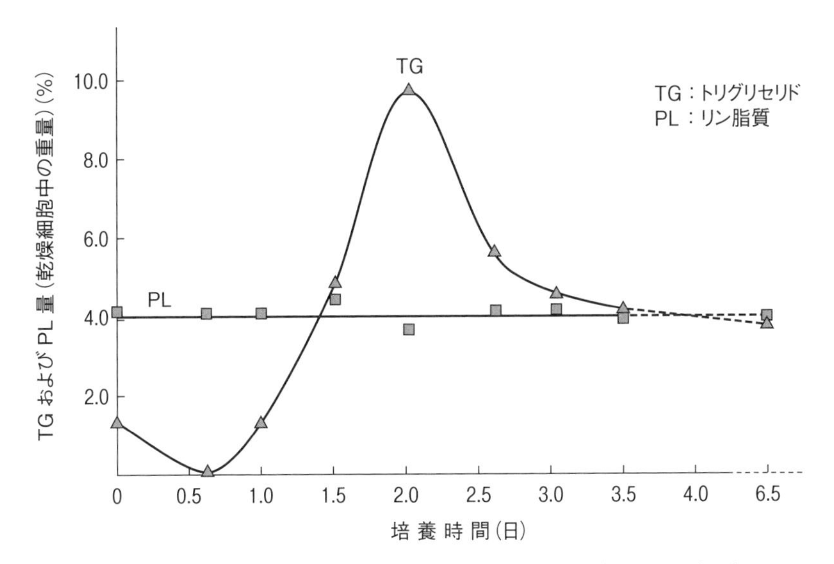

図 9-4 オーランチオキトリウムの培養中におけるトリグリセリド (TG) およびリン脂質 (PL) 量の変化

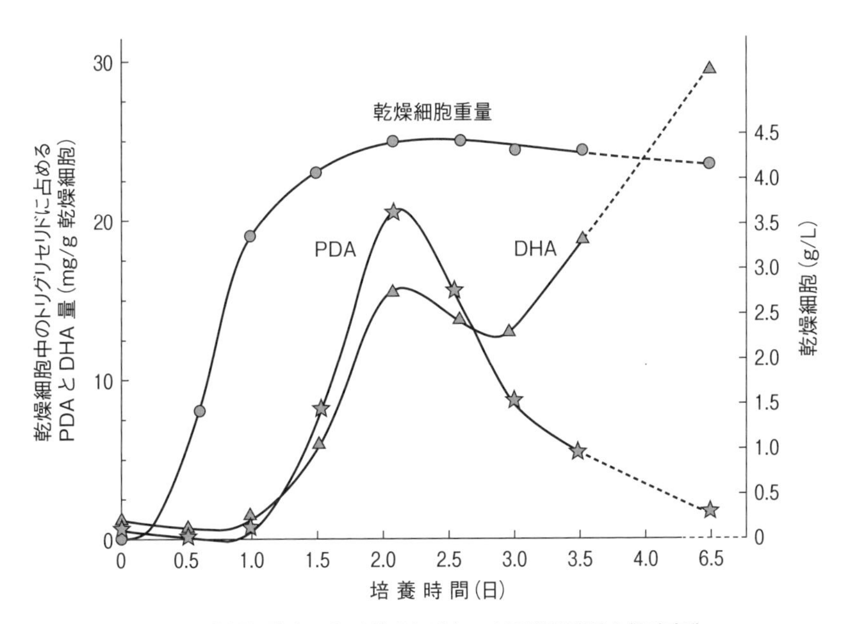

図 9-5 乾燥細胞中のトリグリセリドの主要脂肪酸量の経時変化

中期にかけて激減した。ペンタデカン酸は死滅期に至るまで再び増加することはなかったが、DHA は静止期末期から死滅期の初期にかけて再び増加した。この奇数脂肪酸と DHA の増加は細胞の増殖と一致していることから、細胞の増殖と関係があるように見える。静止期後期における DHA の増加の理由として、1) DHA は分子が U の字形に曲がっており、リパーゼ酵素の作用を受けにくいこと、2) 細胞の酸素消費が低下している時期に当たり、細胞内の余剰酸素を DHA でトラップするため、などが考えられる。

オーランチオキトリウムの対数増殖期に、ペンタデカン酸（C15:0）と DHA が著しく増加するという現象について述べたが、細胞増殖と奇数脂肪酸・DHA との間にはどのような関係があるのだろうか。

これを明らかにするために、オーランチオキトリウムの培養液に、① DHA と C15:0、② DHA と C14:0（奇数脂肪酸の代わり）、③ C18:1（DHA の代わり）と C15:0、④ C18:1 と 14:0、の 4 パターンの添加を行い、それぞれ細胞の増殖速度を調べた（**表 9-1**）。

その結果、C15:0 と DHA の場合、脂肪酸を添加しない場合に比べ 1.8 倍に、DHA と C14:0 の場合は 1.4 倍に、C18:1 と C15:0 との場合は 1.2 倍に増加したが、C18:1 と C14:0 の場合は対照との間に有意差はなかった。つまり、

表 9-1　脂肪酸混合物がオーランチオキトリウムの細胞増殖速度に及ぼす影響

	脂肪酸/100 μL 溶媒	細胞成長率（n＝6）***
	対照（0.5 % DMSO）	100.0 ± 14.6
①	DP-1（DHA, 50 μg + C15, 25 μg）	*184.6 ± 10.0 **
②	DM-1（DHA, 50 μg + C14, 25 μg）	*138.3 ± 10.6 **
③	OP-1（C18:1, 50 μg + C15, 25 μg）	*124.8 ± 7.1
④	OM-1（C18:1, 50 μg + C14, 25 μg）	118.2 ± 10.2

*$p < 0.01$［対照と DP, DM, OP または OM］
**$p < 0.01$［対照と DP-1 と DM-1］
***n は試験した回数

略語；
D：ドコサヘキサエン酸（C22:6, DHA）；P：ペンタデカン酸（C15）；
M：ミリスチン酸（C14）；O：オレイン酸（C18:1）.

表 9-2　脂肪酸混合物がマウス fibroblast BalB/3T3 の細胞増殖速度に及ぼす影響

脂肪酸/100 μL 溶媒	細胞成長率（$n=7$）
対照(0.5 % DMSO)	100.0 ± 6.6
DP-1(DHA, 50 μg + C15, 25 μg)	*126.3 ± 7.3
DP-2(DHA, 5.0μg + C15, 2.5μg)	*109.0 ± 3.3
DP-3(DHA, 0.5μg + C15, 0.25 μg)	101.0 ± 5.1
OP-1(C18:1, 50 μg + C15, 25 μg)	*111.4 ± 7.2
OP-2(C18:1, 5.0μg + C15, 2.5μg)	105.2 ± 5.9
OP-3(C18:1, 0.5μg + C15, 0.25 μg)	98.6 ± 10.9

*$p < 0.01$

略語は表 9-1と同じ。

C15:0 と DHA の両方に細胞の増殖作用があることを示している[72]。そして C15:0 と DHA の併用は相乗的効果が認められた。この現象が生物一般に適用できる現象か否かを確認するために、C15:0 と DHA の割合を同じにして濃度だけを変えてマウスの細胞に添加してみると、増殖速度は濃度に比例して速くなるのが認められた（**表 9-2**）。オーランチオキトリウムは細胞増殖を速くするために、私たちの知らなかった C15:0 と DHA との機能をおそらく何億年も前からすでに使ってきたのであろう。細胞内では、DHA は細胞膜のリン脂質に取り込まれ、膜の流動性を高めることにより、細胞外にある C15:0 や栄養成分の細胞内への取り込み量を増加させたと考えられる。代謝されて生成したプロピオニル-CoA による補充反応が活発に作動し（第 2 章参照）、速い細胞増殖を可能にしているのであろう。

9-2　奇数脂肪酸とDHA、EPAの製造工程

SUMMARY

市販のDHA、EPAは魚油から造られているが、不安定な資源状況にあり、欧米では微細藻類を用いた生産に切り替えている。奇数脂肪酸の生産は未知の領域であるが、微細藻類を用いた生産が有利であると考えられる。

現在、奇数脂肪酸は一般には手に入りにくいが、医薬用として化学合成されたヘプタン酸（C7）やペンタデカン酸（C15）が使われている。合成自体は簡単なので、需要があれば、安価に供給されるようになると思われる。

合成ではなく、天然のものが使いたいという方には、微細藻類由来の天然の脂肪酸組成を持ったトリグリセリドやリン脂質をお勧めしたい。現在、海洋性の微生物であるラビリンチュラを培養して、奇数脂肪酸の多いトリグリセリドをつくらせる大量生産研究が進められている。とくに、9-1節で述べたラビリンチュラの一種であるオーランチオキトリウムは、都合の良いことに奇数脂肪酸と同時にDHAもつくるのである。近い将来、オーランチオキトリウムによって奇数脂肪酸やDHA、EPAが供給されるようになると思われる。

フランスでは、このオーランチオキトリウムと近縁のシゾキトリウム†のDHAを市販するための公聴会が開かれ、議論されているが、問題となる点は見当たらないようである。注意事項として酸化に気をつけることが付記されていた。ヨーロッパやアメリカでは魚油から造るDHAは魚臭が強く、嫌われているようである。一方、わが国のDHAの原料は魚油が中心であり、供給量は漁獲量で決まることになる。そして、大半の魚油原料は海外から輸入されてい

† シゾキトリウム（*Schizochytrium*）：旧シゾキトリウム属が、新たにオーランチオキトリウム属とシゾキトリウム属の二属に再編された。フランスでは旧シゾキトリウムの属名を使用しているので、この中には、オーランチオキトリウムとシゾキトリウムの両方が含まれることになる。

るのである。輸入された魚油には酸化した脂肪酸が多く含まれ、それらを取り除くために、エチルアルコールを用いてエステル交換反応を行い、DHA を含む脂肪酸のエチルエステルを合成している。これを加熱しながら真空下で蒸留する分子蒸留法という方法を用いる。温度と真空度を調節して DHA のエチルエステルだけを取り出すのである。この段階で DHA の純度は 60 % 程度と云われている。同時に混入してくる不純物を除く工程も必要になるが、通常はシリカゲルを用いたクロマトグラフィーという方法で分離・精製している（**図 9-6 左**）。

一方、オーランチオキトリウムなどの微細藻類を用いて DHA を製造する方法も開発されている。オーランチオキトリウムを例とすると、まず、25 ℃前後の温度でオーランチオキトリウムを培養する。オーランチオキトリウムは酵母と同じように従属栄養性なので、光は必要としないが、炭素源としてグルコースなどが必要になる。培養によって増えた細胞を集め、油を採る。通常ア

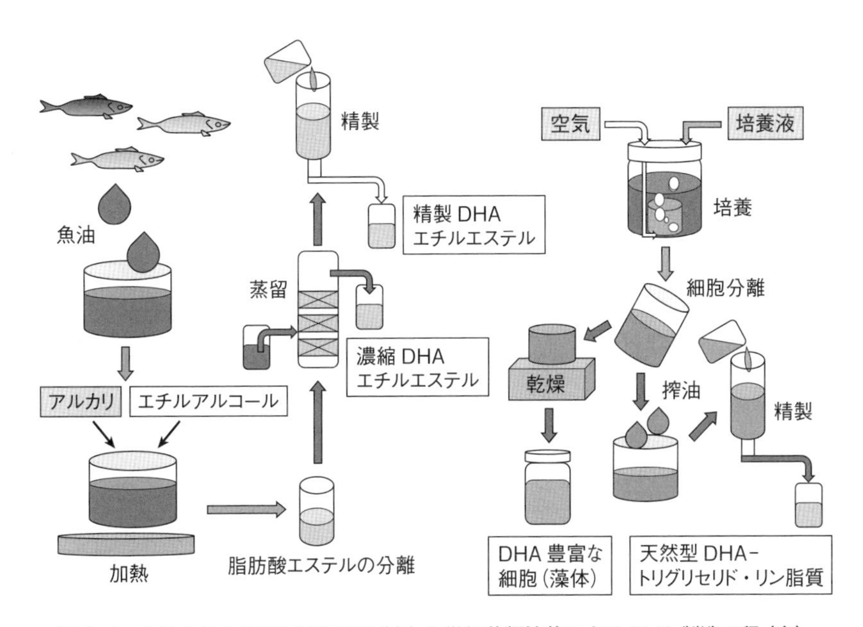

図 9-6　魚油からの DHA 製造工程（左）と微細藻類培養による DHA 製造工程（右）

ルコールなどを用いて抽出効率を上げるのであるが、集めた細胞を乾燥させて、そのまま高濃度のDHAを含んだ細胞(藻体)として利用することもできる。培養した細胞の油はほとんど酸化していないので、シリカゲルなどで精製すれば、出来上がりとなる（**図9-6右**）。魚油からのDHAはエチルエステルであるのに対して、培養で得たDHAは天然型の脂肪酸組成を持ったトリグリセリドやリン脂質になる。小魚がプランクトンを摂取するように、細胞（藻体）のまま栄養補助剤として利用する方がよいのかもしれない。

DHAやEPAの原料である魚油はイワシなどの小魚から採るのであるが、小魚はマグロやカツオの餌でもある。小魚の獲り過ぎは大型魚の餌不足を招き、漁業資源の面からも問題である。また、魚油の資源となるイワシなどの資源量は変動が大きく、安定供給が難しいと云われている。オーランチオキトリウムのDHAを計画的に培養で造ることができれば、安定供給が可能になるはずである。DHAの製造コストから見ると、培養で造るDHAは、魚油から造るものよりコスト高になっているが、培養液原料の低コスト化を図ることで、品質の良いDHAを安定供給する準備を進めている。この生産技術開発は産学官一体となった国家事業となっており、大量培養に必要な基礎的検討はほぼできている。発酵が専門の企業でも大量培養が行われ始めている。

今後、わが国が健康産業の一環として厚生労働省が提唱しているDHA摂取量を目標に生産を拡大・拡充し、それに家畜・養魚用と輸出用を考慮すると、年間10万トン以上の生産量が必要になると考えられている。月刊誌Bio Industry, vol.28, No.11, p.56～58 (2011) によれば、DHAの市場価格は純度によって異なり、高純度（46％以上）で10,000～25,000円/kg、一般食品用（22～27％）2,000～8,000円/kg、飼料用（～22％）で900～1,200円/kgと記載されている。また、市場規模は国内で１兆円以上（健康産業新聞）、世界市場は347億ドルに達するとの試算もある。オーランチオキトリウムで生産するDHAや奇数脂肪酸などの脂肪酸産業は、新たな成長産業としての位置を占めるものと思われる。

9-3 多様化する機能性脂肪酸の利用

SUMMARY

DHA は人だけでなく家畜や養殖魚にも必要な栄養素である。微細藻類による DHA の生産は大きな産業に発展する可能性を持っている。

中鎖脂肪酸の利用に当たっては代謝異常の人、特に 1 型糖尿病の人は注意が必要である。

9-3-1 DHA の利用

DHA は私たち人類だけが必要な栄養素ではない。ペットも長寿になり、種々の成人病を患ってきている。さらに、健康維持が重要な家畜や養殖魚など、これらの動物たちにも DHA が必要なのである。最近はペット用餌に DHA を添加したものも市販されている。家畜では産卵用鶏に DHA を食べさせて DHA 入りの卵を生産している養鶏家も出てきている。DHA、EPA は養殖場で孵化した仔魚の必須脂肪酸でもある。DHA、EPA の不足は仔魚の生存率を著しく低下させ、魚種によっては奇形も発生する。このように、DHA、EPA の用途・需要は今後ますます多様化・拡大していくものと予想されている。厚生労働省が提唱している DHA、EPA の一日当たりの摂取量は 1 g 以上である。この量を国民 1 億 2000 万人全員が摂取した場合、一日当たり 12 トン必要となる。1 年で約 4400 トンになる。家畜などの動物が必要とする量を勘案すると、わが国だけで年間 10 万トン以上必要になると試算されている[73]。これだけの量を生産する能力は現在のわが国にはない。また、DHA 資源を魚油だけに頼ることも不可能である。DHA 生産の抜本的改革が必要な時期にきている。

9-3-2 中鎖脂肪酸の利用

かなり前から中鎖脂肪酸が肥満防止に役立つというテレビコマーシャルが放

映されていたので、ご存知の人も多く、すでに利用されている方もおられると思う。中鎖脂肪酸の原料はココナツやヤシ油などの天然資源のほか、長鎖脂肪酸から変換して造ることもできる。中鎖脂肪酸トリグリセリドは市販品も何種類か出ている。栄養補助食品としての利用というよりは、サラダドレッシングなどの食品としての利用が良いようである。オイル製品の他、牛乳・乳製品にも比較的中鎖脂肪酸が多く含まれている。奇数脂肪酸も牛乳に比較的多いことから、牛乳・乳製品は機能性脂肪酸を多く含む優れた食品と云える。中鎖脂肪酸を含む低糖質食をケトン食といい、積極的に勧めるお医者さんもおられるが、ケトン体が多くなると血液が酸性（ケトアシドシス）になるので、1型糖尿病に罹っている方は注意が必要である。また、遺伝的な代謝障害の方もケトン体の摂取には注意が必要である。

9-3-3　奇数脂肪酸・DHA・中鎖脂肪酸のまとめ

日本は今後、超高齢化社会が否応なしに訪れることになる。寿命を全うするまで、せめて痴呆症にかからないで過ごしたいと著者（高齢者）は願っている。また、国が負担する健康保険料が国の財政を圧迫していることも心苦しく思っている。『死ぬまで元気』に過ごすために、成人病の予防効果のあるDHAを、細胞を活性化する補充反応の基質である奇数脂肪酸と補充反応の補酵素であるビタミンB_{12}を、そして、ケトン体産生のための中鎖脂肪酸を補給することを実践している。

別表1として、本書で取り上げた奇数脂肪酸、DHAや中鎖脂肪酸と、成人病改善・予防との関係を精査してまとめた。○は効果あり、？は現在までのデータでは効果不明という意味である。

別表 1　奇数脂肪酸と DHA の成人病改善および予防効果のまとめ

症状改善作用	奇数脂肪酸	DHA	中鎖脂肪酸
血中脂質低下作用（コレステロール，中性脂肪）		?	○
血圧降下作用		○	
抗血栓作用（血小板凝集抑制作用）		○	
抗炎症作用		○	
制がん作用	○	○	○
網膜反射向上作用		○	
抗アレルギー作用		○	
抗糖尿病作用	○	○	
アルツハイマー症予防効果	○	○	○
育毛作用	○		
細胞増殖促進作用	○	○	
抗うつ作用		?	
心臓疾患の軽減	○		
肥満抑制			○

用語説明

第1章

1. アシルキャリアープロテイン（ACP, acyl carrier protein）

細胞質内にあってアシル基を運ぶ運搬タンパク質のこと。脂肪酸の生合成や酸化において、脂肪酸を反応サイトに運ぶタンパク質である。細菌や植物では、分子量約1万のタンパク質として存在するが、動物や酵母では脂肪酸合成酵素の分子内に1つの機能ドメインとして存在している。アミノ酸配列の36番目のセリン残基のOHにD-パンテテイン-4′-リン酸（pantetheine-4′-phosphate）のリン酸が共有結合しており、脂肪酸のカルボキシ基はそのパンテテインのSH基にチオエステル結合する。

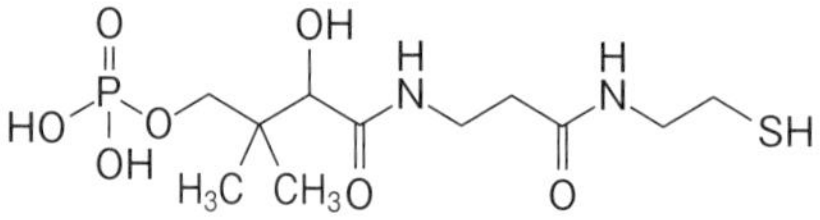

パンテテイン-4′-リン酸

第2章

2. ポリケチド（polyketide）

炭素数2の酢酸単位が直鎖状に重合して生合成された天然二次代謝産物の総称であり、ポリケトメチレン単位からなっている。解糖経路から生成したアセチル-CoAがマロニル-CoAとの縮合により、炭素数を2個ずつ増やしていく酢酸-マロン酸経路により生合成される。脂肪酸の生合成と異なり、酢酸単位のカルボニル基が残存したまま炭素鎖の伸長が起こり、ケトンとメチレンが交互に並んだポリケトメチレン鎖が中間体となる。フェノール性化合物、キノン類、マクロライド抗生物質などの天然物がポリケチドに分類される。

〔（公益）日本薬学会 薬学用語解説より一部改変〕

第３章

3. アミロイドβ42

アミロイドβは40～42個のアミノ酸からなるペプチドであり、前駆体タンパク（APP：amyloid β protein precursor）から切り出されてくる。アルツハイマー症の主要な病理変化として老人斑があり、その主要構成成分がアミロイドβ42である。この老人斑は発症の早期から認められ、細胞外に蓄積されるがエンドサイトシス（異物を細胞内に取り込む機能）により細胞内に入ったり、血流に乗って移動したりする。

4. アポトーシス（apoptosis）

多細胞生物の体を構成する細胞の中で不必要になった細胞を抹消するために、細胞自身の遺伝子にプログラムされたメカニズムによって細胞が死滅すること。

第４章

5. アディポネクチン（adiponectin）

脂肪細胞から分泌される機能性タンパク質の一種で、血中に分泌される。その濃度は内臓脂肪量と逆相関関係を示す。低炭水化物食でアディポネクチンが増加するという報告がある[1]。作用はインスリン受容体を介さないグルコース取り込み促進、脂肪酸の燃焼促進、インスリン受容体の高感度化、インスリン感受性の亢進、動脈硬化抑制、抗炎症、心筋肥大抑制など、多様である。これらの作用のメカニズムについてはまだ十分に解明されていない。

第５章

6. ブラジキニン（bradykinin）

組織損傷が起こると、炎症メディエーターとしてブラジキニンやヒスタミン、プロスタグランジンなどが産生される。ブラジキニンは９個のアミノ酸

(Arg-Pro-Pro-Gly-Phe-Ser-Pro-Phe-Arg) からなるペプチドで、血圧降下作用を持つ。炎症メディエーターの中で最も強力に痛みを増強する。受容器を介して、痛み信号（活動電位）へと変換されて脊髄から大脳皮質へ伝わり、痛みを感じる。

7. カリクレイン (kallikrein)

血圧降下に関するタンパク質分解酵素の一種。血漿カリクレインと腺性カリクレインの二つに分類される。タンパク質としてはセリンプロテアーゼ、エンドプロテアーゼに分類される。

8. GABA A 受容体

γ-アミノ酪酸 (γ-aminobutyric acid, GABA) は成熟した中枢神経系における主要な抑制性神経伝達物質で、GABA 受容体にはイオンチャネル型の GABA A 受容体（受容体の中をイオンが細胞外から内側に通過できるタイプの受容体）と代謝型の GABA B 受容体がある。

9. ABC トランスポーター

細胞の内外を仕切る細胞膜には、受容体・チャネル・トランスポーターの主要な 3 種類の膜タンパク質が存在し、細胞の機能を維持している。トランスポーターの中に ABC (ATP-binding cassette) トランスポータースーパーファミリーと呼ばれるトランスポーターの一群がある。このトランスポーターは、物質輸送の駆動力としてアデノシン三リン酸 (ATP) を用いるタイプのトランスポーターで、現時点で 7 ファミリー、49 分子種が明らかにされている。

10. 百日咳毒素 (pertussis toxin，略称：PT)

百日咳の原因である百日咳菌 (*Bordetella pertussis*) によって産生されるタンパク質毒素であり、毒素の B オリゴマーを介して標的細胞に結合した後、エンドサイトーシスで細胞内に取り込まれ、膜受容体（GPCR）との共役関係を失い、細胞内情報伝達系を遮断する。

11. TNF-α（腫瘍壊死因子-α, tumor necrosis factor-α）

腫瘍細胞を壊死させる作用のある物質として発見されたサイトカインの一種。TNF はポリペプチドであり、主として活性化マクロファージ（単球）により産生される TNF-α（157 個のアミノ酸）と、活性化 T リンパ球により産生される TNF-β（171 個のアミノ酸）とがある。

第 6 章

12. 血管内皮細胞増殖因子（VEGF, vascular endothelial growth factor）

血管内皮細胞を増殖させ、血管の形成を促す糖タンパク質のことを指す。細胞や組織が低酸素状態になると VEGF が増加し、新しい血管が作られ、酸素が供給される。がん、関節リウマチ、加齢黄斑変性症など異常な血管新生を伴う疾患の場合、VEGE の産生が亢進する。

13. サブスタンス P（substance P）

サブスタンス P は 11 個のアミノ酸からなるペプチドで、N（N 末端）Arg-Pro-Lys-Pro-Gln-Gln-Phe-Phe-Gly-Leu-Met-NH_2（C 末端）の配列を持ち、血管拡張、平滑筋収縮、唾液腺の分泌促進、利尿作用を示す。また、中枢および末梢性ニューロンの脱分極に関与。第一次知覚神経の化学伝達物質で、痛覚伝達に関与している。

14. インターロイキン（IL）1β（interleukin 1β）

IL-1 は主に単球やマクロファージから産生される分子量約 17000 の糖タンパク質。等電点の違いから α 型, β 型の 2 種類がある。α 型と β 型はそれぞれをコードする遺伝子は異なっているが、受容体も生理活性も同じである。生理活性として、T 細胞、B 細胞、NK 細胞、内皮細胞などの活性化、好中球増加、接着分子の発現促進、IL-1～IL-8の誘導、TNF 等の誘導などが知られている。中でも、免疫や炎症を制御するメディエーターとして認識されている。

15. GRP40

G-タンパク質共役受容体の一種で、遊離脂肪酸の受容体。膵臓の β 細胞や腸管の分泌細胞に分布している。GPR40 は MEK-ERK 経路と連動する。

16. MEK-ERK 経路

さまざまな膜受容体からのシグナルを集約するセリン / スレオニンキナーゼであり、細胞の増殖、分化、成長など、さまざまな細胞の制御に関わるシグナル伝達経路。ERK は Ras-Raf-MEK-ERK 経路をへて活性化され、活性化されると細胞質から核へと移行し、転写因子を活性化し遺伝子の発現を誘導する。

17. シトクロム P450 (cytochrome P450)

細菌から植物、哺乳動物に至るまでのほとんどすべての生物に存在する、分子量約45000から60000の酸化酵素で、異物(薬物)代謝においては主要な酵素。約 500 アミノ酸残基からなり、活性部位にヘムを持つ。ヘム核に鉄原子がリガンドとして配位する。還元状態で一酸化炭素と結合して 450 nm に吸収極大を示す色素という意味でシトクロム P450 (P450) と命名された。〔(公益) 日本薬学会 薬学用語解説より一部改変〕

18. 核内受容体 (nuclear receptor)

脂溶性シグナル伝達分子と結合し、核内で DNA の転写の活性化あるいは抑制を起こす受容体。副腎皮質・性ステロイドホルモンや甲状腺ホルモンあるいはビタミン D_3、レチノイン酸などは、脂溶性のため細胞膜を通過し、細胞質に存在する核内受容体と結合すると、核内へ移行して、さらに活性化因子が結合して情報を伝達する。これらの脂溶性分子と結合すると核内受容体はDNA二本鎖の特定の部位を認識・結合する。その結果、DNA鎖の転写が活性化（または抑制）される。〔(公益) 日本薬学会 薬学用語解説より一部改変〕

第７章

19. オッズ比（Odds ratio）

ある疾患への罹りやすさを、2つの群で比較する統計処理方法の一つ。オッズ比が1とは、ある疾患への罹りやすさが両群で同じということであり、1より大きいとは、疾患への罹りやすさがある群でより高いことを意味する。逆に、オッズが1より小さいとは、ある群において疾患に罹りにくいことを意味する。例えば、ある湿疹が疾患群100名中の40名で、健常群100名中の10名で認められたとする。このオッズ比は、(40/60) / (10/90) = 6.00となる。これは、ある多型において疾患群で出現するリスクが健常群に対して6.00倍高いこととなる。〔ファルマシア（日本薬学会）Vol.43, No.10）より一部改変〕

第８章

20. 血液－網膜関門（blood-retinal barrier, BRB）

全身循環・網膜間の物質移動の他、網膜の外側に位置する脈絡膜および強膜と網膜間の物質移動を制御している。内側血液網膜関門（inner BRB）および外側血液網膜関門（outer BRB）の二つの関門によって構成されている。〔細谷健一：血液網膜関門輸送研究，北陸地域アイソトープ研究会誌8号，31-35（2006）より一部引用〕

引用文献

第1章

[1] Kaya K.：Chemistry and biochemistry of taurolipids. *Progress in Lipid Research*, **31**, 87-108 (1992)

[2] Chalupsky J., *et al.*：Reactivity of the binclear non-heme iron active site of Δ9 desaturase studied by large-scale multireference *ab initio* calculations. *J. Am. Chem. Soc.*, **136** (45), 15977-15991 (2014)

[3] 三浦洋四郎：脂肪酸の酸化―主として脂肪酸のω酸化について．油化学, **25**, 8-16 (1976)

第2章

[4] 林 雅弘：藻類を活用する食品素材開発. 生物工学, **91**, 621-624 (2013)

第3章

[5] Metz J.G., *et al.*：Production of polyunsaturated fatty acids by polyketide synthases in both prokaryotes and eukaryotes. *Science*, **293**, 290-294 (2001)

[6] 有田 誠, 磯部洋輔：ω3系脂肪酸由来の抗炎症性代謝物の構造と機能. 生化学, **80**, 1042-1046 (2008)

[7] 徳山尚吾, 中本賀寿夫：新規疼痛制御物質としての不飽和脂肪酸の現状と今後の展望. 日本緩和医療薬学雑誌, **4**, 45-51 (2011)

第4章

[8] Senior J.R.：Medium Chain Triglycerides. University Pennsylvania Press (1968)

[9] 竹内弘幸ら：ラットにおける中鎖トリアシルグリセロールの体脂肪蓄積お

よび耐糖能に対する影響. 第43回日本油化学会年会（講演番号1G-26）(2004)
[10] Summer S.S., Brehm B.J., Benoit S.C., D'Alessio D.A.：Adiponectin changes in relation to the macronutrient composition of a weight-loss diet. *Obesity,* **19** (11), 2198-2204 (2011)
[11] Reger M.A., *et al.*：Effects of β-hydroxybutyrate on cognition in memory-impaired adults. *Neurobiology of Aging,* **25** (3), 311-314 (2004)
[12] Zhang J., *et al.*：3-Hydroxybutyrate methyl ester as a potential drug against Alzheimer' disease via mitochondria protection mechanism. *Biomaterials,* **34** (30), 7552-7562 (2013)
[13]Shimazu T., *et al.*：Suppression of oxidative stress by β-hydroxybutyrate, an endogenous histone deacetylase inhibitor. *Science,* **339** (6116), 211-214 (2013)
[14] Gräff J., Tsal L.H.：The potential of HDAC inhibitors as cognitive enhancers. *Annual Rev. Pharmacology. Toxicol.,* **53**, 311-330 (2013)
[15] Guan J.S., *et al.*：HDAC2 negatively regulates memory formation and synaptic plasticity. *Nature,* **459**, 55-60 (2009)
[16] Peleg S., *et al.*：Altered histone acetylation is associated with age-dependent memory impairment in mice. *Science,* **328** (5979), 753-756 (2010)
[17] Nugent S., *et al.*：Brain glucose and acetoacetate metabolism：a comparison 10 of young and older adults. *Neurobiol. Aging,* **35** (6), 1386-1395 (2014)
[18] Krikorian R., *et al.*：Dietary ketosis enhances memory in mild cognitive impairment. *Neurobiol. Aging,* **33** (2), 425.e19-425.e27 (2012)

第5章

[19] Ago H., *et al.*：Crystal structure of a human membrane protein involved in cysteinyl leukotriene biosynthesis. *Nature,* **448**, 609-612 (2007)

[20] 杉本幸彦：プロスタノイド受容体の発現と機能. 生化学, **78**, 1039-1049 (2006)
[21] 金岡禧秀：システイニルロイコトリエン受容体. 生化学, **83**, 609-614 (2011)

第6章

[22] Hattori N., *et al.*：Royal jelly and its unique fatty acid, 10-hydroxy-*trans*-2-decenoic acid, promote neurogenesis by neural stem/progenitor cells *in vitro*. *Biomedic. Res.*, **28** (5), 261-266 (2007)
[23] Izuta H., *et al.*：10-Hydroxy-2-decenoic acid, a major acid from royal jelly, inhibits VEGF-induced angiogenesis in human umbilical vein endothelial cells. *Eviden.-based Complem. Altern. Med.*, **6**, 489-494 (2009)
[24] Vieira C., *et al.*：Antinociceptive activity of ricinoleic acid, a capsaicin-like compound devoid of ungent properties. *Eur. J. Pharmacol.*, **407**, 109-116 (2000)
[25] Miyamoto J., *et al.*：A gut microbial metabolite of linoleic acid, 10-hydroxy-*cis*-12-octadecenoic acid, ameliorates intestinal epithelial barrier impairment partially via GPR40-MEK-ERK pathway. *J. Biol. Chem.*, **290** (5), 2902-2918 (2015)
[26] Morisseau C., *et al.*：Naturally occurring mono epoxides of EPA and DHA are bioactive antihyperalgesic lipids. *J. Lipid. Res.*, **51**, 3481-3490 (2010)
[27] Patwardham A.M., *et al.*：Activation of TRPV1 in the spinal cord by oxidized linoleic acid metabolites contributes to inflammatory hyperalgesia. *Proc. Natl. Acad. Sci. USA*, **106**, 18820-18824 (2009)

第7章

[28] Risérus U.：Trans fatty acids and insulin resistance. *Atheroscler Suppl.*, **7** (2), 37-39 (2006)

[29] Ascherio A., Hennekens C.H., Buring J.E., Master C., Stampfer M.J., Willett W.C. : Trans-fatty acids intake and risk of myocardial infarction. *Circulation*, **89**(1), 94-101 (1994)

[30] Ghahremanpour F., Firoozrai M., Darabi M., Zavarei A., Mohebbi A. : Adipose tissue trans fatty acids and risk of coronary artery disease : a case-control study. *Ann. Nutr. Metab.*, **52** (1), 24-28 (2008)

[31] Delgado-Rodriguez M., *et al.* : Adipose tissue isomeric trans fatty acids and risk of myocardial infarction in nine countries: the EURAMIC study. *Lancet*, **345** (8945), 273-278 (1995)

[32] Roberts T.L., Wood D.A., Riemersma R.A., Gallagher P.J., Lampe F.C. : Trans isomers of oleic acid and linoleic acids in adipose tissue and sudden cardiac death. *Lancet*, **345** (8945), 278-282 (1995)

[33] Koh-Banerjee P., Chu N.F., Spiegelman D., Rosner B., Colditz G., Willett W., *et al.* : Prospective study of the association of changes in dietary intake, physical activity, alcohol consumption, and smoking with 9-y gain in waist circumference among 16 587 US men. *Am. J. Clin. Nutr.*, **78**(4), 719-727 (2003)

[34] Yamada M., Sasaki S., Murakami K., Takahashi Y., Uenishi K. : Association of trans fatty acid intake with metabolic risk factors among free-living young Japanese women. *Asia Pac. J. Clin. Nutr.*, **18**(3), 359-371 (2009)

[35] Dorfman S.E., *et al.* : Metabolic implications of dietary *trans*-fatty acids. *Obesity*, **17**(6), 1200-1207 (2009)

[36] Kim E.H., *et al.* : Dietary fat and risk of postmenopausal breast cancer in a 20-year follow-up. *Am. J. Epidemiol.*, **164**, 990-997 (2006)

[37] Pala V., *et al.* : Erythrocyte membrane fatty acids and subsequent breast cancer: a prospective Italian study. *J. Natl. Cancer. Inst.*, **93**, 1088-1095 (2001)

[38] Saadatian-Elahi M., *et al.*：Serum fatty acids and risk of breast cancer in a nested case-control study of New York University women's health study. *Cancer Epidemiol. Biomarkers Prev.*, **11**, 1353-1360 (2002)

[39] Kohlmeier L., *et al.*：Adipose tissue trans fatty acids and breast cancer in the European community Multicenter Study on Antioxidants, Myocardial Infarction, and Breast Cancer. *Cancer Epidemiol. Biomarkers Prev.*, **6**, 705-710 (1997)

[40] 厚生労働省：日本人の食事摂取基準 (2010年版)：
http://www.mhlw.go.jp/shingi/2009/05/s0529-4.html
農林水産省：トランス脂肪酸に関する情報：
http://www.maff.go.jp/j/syouan/seisaku/trans_fat/

第8章

アルツハイマー症

[41] Bottiglieri T.G., Roe C.R.：Anaplerotic therapy for Alzheimer's Disease and the aging Brain. US Patent App., 12/978, 229 (2010)

[42] Kinman R.P., *et al.*：Parenteral and enteral metabolism of anaplerotic triheptanoin in normal rats. *Am. J. Physiol. Endocrinol. Metab.*, **291** (4), E860-E866 (2006)

[43] Clarke R., Birks J., Nexo E., Ueland P.M., Schneede J., Scott J., *et al.*：Low vitamin B_{12} status and risk of cognitive decline in older adults. *Am. J. Clin. Nutr.*, **86**, 1384-1391 (2007)

[44] Specker B.L., Miller D., Norman E.J., Greene H., Hayes K.C.：Increased urinary methylmalonic acid excretion in breast-fed infants of vegetarian mothers and identification of an acceptable dietary source of vitamin. *Am. J. Clin. Nutr.*, **47**, 89-92 (1988)

[45] Institute of Medicine, Food and Nutrition Board：Dietary Reference

Intakes: Thiamin, Riboflavin, Niacin, Vitamin B_6, Folate, Vitamin B_{12}, Pantothenic acid, Biotin, and Choline. Washington, DC: National Academy Press (1998)

[46] Nguyen L.N., *et al.* : Mfsd2a is a transporter for the essential omega-3 fatty acid docosahexaenoic acid. *Nature*, **509**, 503-506 (2014)

[47] Sanchez-Mejia R.O., *et al.* : Phospholipase A2 reduction ameliorates cognitive deficits in a mouse model of Alzheimer's disease. *Nature Neuroscience,* **11**, 1311-1318 (2008)

[48] Daiello L.A., *et al.* : Association of fish oil supplement use with preservation of brain volume and cognitive function. Alzheimer's Dementia : *J. the Alzheimer's Association,* **11**, 226-235 (2015)

[49] 下方浩史：認知症の要因と予防. 名古屋学芸大学 健康・栄養研究所年報, **7**, 1-13 (2015)

[50] Lipton R.B., *et al.* : Exceptional parent longevity associated with lower risk of Alzheimer's disease and memory decline. *J. Am. Ger. Soc.,* **58**(6), 1043-1049 (2010)

がん

[51] 磯田好弘, 西沢幸雄, 山口茂彦, 平野二郎, 山本明彦, 沼田光弘：脂質の抗がん効果ーマウスの移植がんに関する局所投与遊離脂肪酸の抗がん活性. 油化学, 42, 39-44 (1993)

[52] Vaughan V.C., Hassing M.R., Lewanowski P.A. : Marine polyunsaturated fatty acids and cancer therapy. *Brit. J. Cancer.,* **108**, 486-492 (2013)

[53] Yee L.D., Lester J.L., *et al.* : Omega-3 fatty acid supplements in women at high risk of breast cancer have dose dependent effect on breast adipose tissue fatty acid composition. *Am. J. Clin Nutr.,* **91**, 1185-1194 (2010)

[54] Hardman W.E. : Omega-3 fatty acids to augment cancer therapy. *J.*

Nutr., **132** (11 Suppl.), 3508S-3512S (2002)

[55] 京都大学 糖尿病・内分泌・栄養内科：膵β細胞の生物学・病態学
http://metab-kyoto-u.jp/to_doctor/outline/01.html

[6]

糖尿病

[55]

[56] Forouhi N.G., *et al.*：Differences in the prospective association between individual plasma phospholipid saturated fatty acids and incident type 2 diabetes: the EPIC-InterAct case-cohort study. *Lancet Diabetes Endocrinol.*, **2** (10), 810-818 (2014)

[57] Morishita M., Tanaka T., Shida T., Takayama K.：Usefulness of colon targeted DHA and EPA as novel diabetes medications that promote intrinsic GLP-1 secretion. *J. Cont. Rel.*, **132**, 99-104 (2008)

[58] 李相翔, 長嶋理晴, 平野勉, 渡部琢也：糖尿病治療を変える新たな糖尿病薬インクレチン. 昭和医会誌, **70**, 34-44 (2010)

[59] 西中崇, 松本健吾, 中本賀寿夫, 安保明博, 万倉三正, 小山豊, 徳山尚吾：ドコサヘキサエン酸による抗侵害作用の発現機序の解明. *Yakugaku Zasshi,* **133**, 493-499 (2013)

[60] 内山郁子：2型糖尿病に期待の新薬：消化管ホルモン『インクレチン』の薬理作用を応用. 日経DI, **145**, 24-28 (2009)

[61] 二田哲博, 他：エイコサペンタエン酸（EPA）製剤のインスリン非依存性糖尿病患者における糖代謝に及ぼす影響. 医学の歩み, **169**, 889-890 (1994)

育毛

[62] Adachi K., Yokoyama D., Tamai H., Sadai M., Oba K.：Effect of glyceride of pentadecanoic acid on energy metabolism in hair follicles. *Int. J.*

Cosm. Sci., **15**, 125-131 (1993)

心臓疾患

[63] Roe C.R.：Fatty acid treatment for cardiac patients. US patent 7, 592, 370, B2. (2009)

[64] Rosiers C.D., Labarthe F., Lloyd S.G., Chatham J.C.：Cardiac anaplerosis in health and disease: food for thought. *Cardiov. Res.,* **90**, 210-219 (2011)

アレルギー

[65] 井上飛鳥, 奥谷倫世, 青木淳賢：新しいリゾリン脂質メディエーターリゾホスファチジルセリン, 生化学, **83**, 518-524 (2011)

[66] Taketomi Y., *et al.*：Mast cell maturation is driven via a group III phospholipase A_2-prostaglandin D_2-DP1 receptor paracrine axis. *Nature Immunol.*, **14**(6), 554-563 (2013)

[6]

コレステロール

[67] 公益社団法人日本栄養士会：http://www.dietitian.or.jp/

[68] Ikeda I., Wakamatsu K., Inayoshi A., Imaizumi K., Sugano M., Yazawa K.：Alpha-linolenic, eicosapentaenoic and docosahexaenoic acids affect lipid metabolism differently in rats. *J. Nutr.*, **124**, 1898-1906 (1994)

循環器

[69] Bazan N.G.：Neuroprotectin D1-mediated anti-inflammatory and survival signaling in stroke, retinal degenerations, and Alzheimer's disease. *J. Lipid Res.*, **50** (suppl), S400-S405 (2009)

[66]

うつ病

[70] Appleton K.M., Rogers P.J., Ness A.R.：Updated systematic review and meta-analysis of the effects of n-3 long-chain polyunsaturated fatty acids on depressed mood. *Am. J. Clin. Nutr.*, **91**, 757-770 (2010)

[71] Ghaemi S.N., Shirzadi A.A., Filkowski M.：Publication bias and the pharmaceutical industry: the case of lamotrigine in bipolar disorder. *Meds. J. Med.*, **10**, 211-225 (2008)

視力

[69]

第９章

資源生物

[72] Kaya K., Ikeda K., Kose R., Sakakura Y., Sano T.：On the function of pentadecanoic acid and docosahexaenoic acid during culturing of the thraustochytrid, *Aurantiochytrium* sp. NB6-3. *J. Biochemical & Microbial. Technol.*, **3**, 1-7 (2015)

多様化

[73] 厚生労働省　3　脂質
www.mhlw.go.jp/shingi/2009/05/dl/s0529-4g.pdf

おわりに

1997年発行のポピュラーサイエンス『脂肪酸と健康・生活・環境』から20年の歳月が流れました。この間の脂質科学の進歩は目覚しく、今まで大まかに入り口と出口だけで議論していたのが、代謝系やレセプターが明らかになるにしたがって、詳細な議論ができるようになってきました。また、研究手法も以前とは異なり、遺伝子をノックアウトした実験動物が重要な手段になってきました。これからの発展が楽しみです。DHAなどの脂肪酸を摂取すると体内でなにが起きるのかを一般の人達に説明できる機会を与えていただいたことは、脂質科学を学んできた者として幸運でした。裳華房編集部の小島敏照氏と内山亮子氏には、終始、叱咤激励していただき深く感謝いたしております。

索 引

著者略歴

彼谷（かや） 邦光（くにみつ）

1944年　富山県に生まれる

1973年　東北大学大学院博士課程修了（農芸化学専攻）　農学博士
国立環境研究所 基盤技術ラボラトリー長，東北大学大学院環境科学研究科教授，筑波大学大学院生命環境科学研究科教授等を経て

2014年　株式会社 シー・アクト生物活性物質研究所・取締役 所長
国立研究開発法人 国立環境研究所 客員研究員
現在に至る．

主　著　『環境のなかの毒 ―アオコの毒とダイオキシン―』（裳華房）
『脂肪酸と健康・生活・環境 ―DHAからローヤルゼリーまで―』（裳華房）
『我輩はヘッピリムシである』（東京図書出版会）

健康寿命を延ばそう！ 機能性脂肪酸入門
―アルツハイマー症、がん、糖尿病、記憶力回復への効果―

2017年2月5日　第1版1刷発行

検印省略

定価はカバーに表示してあります．

著作者　彼谷邦光
発行者　吉野和浩
発行所　東京都千代田区四番町8-1
電話　03-3262-9166（代）
郵便番号　102-0081
株式会社 裳華房
印刷所　三報社印刷株式会社
製本所　株式会社 松岳社

社団法人
自然科学書協会会員

ISBN 978-4-7853-3512-0